5人目の旅人たち

「水曜どうでしょう」と藩士コミュニティの研究

広田すみれ

慶應義塾大学出版会

目　次

長い長いまえがき

はじめまして。広田すみれと申します。これからＨＴＢ（北海道テレビ）のＴＶ番組「水曜どうでしょう」に関係する本を書こうとしていますが、最初にまず書き手としてご挨拶させていただこうと思います。「ですます」で書いていますが、第一章以降は文体が変わります。

まえがきでこうしてご挨拶しようと思った理由は、第一バージョンの原稿で出だしが何となくぎくしゃくしてしまったためです。年下の藩士の友人に、「広田さんは藩士と研究者が混在していてややこしい」と言われたことがありますが、多分そのせいです（ちなみに、「藩士」はこの番組の熱心なファンの呼称です。由来は後ほど）。自分がファンであるのにもかかわらず、研究者として本を書くためにはどうしても相対化、つまりこの番組をほかの番組などと比べてある程度客観的に位置付ける必要があります。でもそうすると、若干、若者の言うところの「ディスる」ように見える部分が出てきて、それはやはり私にとっては書きにくいんです。あらゆる人に読めるように書けるとは思いませんが、とはいえ番組ディレクターのお二人（チーフディレクターの藤村さん、カメラ担当ディレクターの嬉野さん）にさえ最初で投げ出されたらかなり悲しい。という訳で、思い切って最初に要点を書いてしまおうと思っています。

もう一つ、ご挨拶を書こうと思った理由は、この番組に関して調べていくうちに、コミュニケーションについての考え方が変わったから、というのがあります。私の見るところ、このお二人には受け手である視聴者がとてもよく見えているようです。この番組は非常に早いうちから番組ホームページを持ち、番組掲示板を通して視聴者と密にコミュニケーションをしてきたことでも有名です。このお二人は、番組やこれらの媒体を通じて、そして今は直接的に、具体的な相手に対して何を伝えるか、もう少し言うなら、そういう相手をどうやって笑わせるか、を常に考えてきたように思います。つまり、ただ単に番組を作って特定の層（例えばＭ３（三十代男性）など）に向けてそれを送る、というのではなく、番組がどう具体的な相手（受け手）に届くか、という部分を随分ちゃんと考えているように思うのです。

藤村さんに、「（番組の初期から）藩士の人はどう見えているんですか」と聞いたことがあるのですが、藤村さんは「クラスメイトだと思っている、お客とは思っていない」という答えでした。ある時期から視聴率を上げることを目標としなくなった、というのも藤村さんがあちこちで語ってよく知られていることですが、たぶんこの番組では視聴者をクラスメイト、つまり立場が上でも下でもない相手として見た上で、その具体的で身近な「あいつら」を笑わせようとしてきたのではないかと思います（私は藤村さんを尊敬していますが、この方は大変な暴言居士なのでよくファンを大泉さんに対してと同様に「バカ」と呼び、ファンもそれをとても喜びます）。結局のところ、このお二人はずっと、使うメディア（媒体）や形式は変化しても、常に「受け手」を意識し、生きた現実の人たちとコミュニケーションしようとしてきたのではないかと思うのです。ということで、そういうのが下手な私も、制作者のお二人や知り合いになった藩士、その他この番組を好きな人を思い浮かべながら、その真似事をしようとしているのがこのまえがきです。

さて、という訳でここでは三つのことをお伝えしたいと思っています。自己紹介と、どうしてこの番組を研究しようと思ったのかと、本のキーワードです。

自己紹介と東日本大震災と番組

まず自己紹介をします。私は東京都市大学メディア情報学部というところで教授をしています。職場は横浜、自宅も神奈川県ですが、生まれは東京、三年だけ勤めた会社も、大学院（慶應義塾大学大学院）までの学校も東京で、北海道とは全然関わりはありません。年齢は、私の方が学年は上ですが「ミスターどうでしょう」鈴井貴之さんとほぼ同じ。実験系の社会心理学者で、研究のメインはリスクコミュニケーション（リスコミ）というものです。私の師匠（岩男寿美子先生）はテレビの研究者でしたし、私も新聞研究所というところに一時期所属してメディア研究をかじってはいるのですが、それが主ではありませんでした。リスコミはリスクをどう人に伝え合意形成するか、に関する研究です。BSE（牛海綿状脳症）が世間を騒がせた頃は、食品安全に関する審議会で、行政の食品安全に関する情報提供や場作り、考え方に関わる委員をしました。東日本大震災後は、低線量放射線の影響についてどう説明するのが良いのか、といった研究もしました。今のテーマは地震の確率的長期予測は人にどう理解されているか、です。

多少お分かりいただけたかと思いますが、「安全」や「危険」といったことに関わりがあり、防災にも関係があります。だから、東日本大震災の時には研究上でも打ちのめされました。リスコミ研究は日進月歩ではなく、なかなかはっきりした答えは出ません。そんなものと思いつつ研究してきたのですが、震災時に必要とされながら有効な結果を提供することができず、あまり役に立たなかった悔いがとても大きかったです。この経験が、実は番組を研究しようと思った背景にあります。

番組のファンになったのはごく最近です。メディア関係の授業を持っていたため番組掲示板のことは二〇〇一年頃に聞いて読んだりもしたのですが、番組自体は二〇一六年秋に偶然、テレビ神奈川（TVK）でようやくちゃんと見ました。企画は「ベトナム縦断」。旅好きだし、カブには乗れませんがサイクリングが趣味なのでとても面白かったです。ただ、研究者としての興味はありませんでした。しかしその後、ネットであれこれ検索しているうち、次のような話にぶつかりました。

東日本大震災の起きた二〇一一年三月十一日の夜、宮城県の女川で家が流され、被災して体育館に避難したファンのTさんはこう言ったそうです。「ここをキャンプ地とする」。そしてそれを聞いて、周りの人たちは笑ったそうです。ファンならご存知だと思いますが「ここをキャンプ地とする」は番組に出てくる名言の一つで、旅をしていた四人がドイツ・ロマンチック街道で夕食を優先した結果宿が見つからず、挙句、道路脇で野宿することになった時に藤村さんが宣言した言葉です。女川の被災状況はひどく、「東日本大震災で最も高い死亡率となったのが女川町の五五・九％だった。（中略）津波の高さは二〇mにも達したため山間の集落までもが全壊の被害となった」そうです（「女川町を襲った大津波の証言」（二〇一二）より）。被害の詳細はその時は知らなかったのですが、とにかく驚きました。あの未曾有の災害で家が流され、多くの死者が出、後日聞いたところではこの方のお祖父様も亡くなられたそうなのですが、その晩にこういうことが言え、それを人とともに笑えた強さは一体どこから来たのか、と思いました。東北は北海道に次いで「どうでしょう」が放送されファンも多いそうですが、他にも、震災後、ファンが「どうでしょう」の番組やDVDを繰り返し見ていた、という噂を聞きました。

番組側の震災直後の振舞いも驚きでした。今でも番組ウェブサイトの「本日の日記」に掲載されていますが、震災後、藤村さんは携帯向けサイトにダウンロード用として次の言葉を載せたそうです。「案ずるな！」「ライトオフ」「ビシッとやるから」。これらもすべて番組に出てくる名言です。よくある言葉ではなく、文脈のわかるファンには励ましになる、最後の一言に至ってはなんだかよく訳のわからない、ちょっと笑いを誘う言葉。被災したファンは一体どんな風にこれを読んだのでしょう。

後日、それを知ることができました。私はこの本を書くにあたってファンの方にインタビューをしましたが、その一人、仙台近郊の方（女性、五十代）はこれを被災後に読んだそうです。元バスガイドで、当時ホテルで働きながら沖縄に住む息子さん家族と離れ、祖先のお墓を守って一人で暮らしていた、ピンク色のものとキティと「どうでしょう」と犬が好き、呑むのも好きな朗らかな女丈夫です。「番組掲示板は大して見てなかったし、ここは温泉地で山の中だから津波の影響もなく、食べ物にも困らなかったし。そんな被災者とは言えるようなものじゃなかったのよ、私なんかでいいの？」と言いながら（とはいえいろいろあったようですが）インタビューに答えてくれた上、次の日は私を誘って車で、以前キャラバンの開かれた場所や女川まで連れて行ってくれました。そしてそのドライブの途中で不意にこう言ったのです。「そういえばね、一週間位で停電が終わって電気が来て、パソコンを開いて久しぶりに「お気に入り」に入ってた番組のＨＰを見たの。そしたら、藤やん〔藤村さん〕がね、「案ずるな！」とか名言を上げててね。あの藤やんが、なんだかちょっと口数少なめに書いてる感じで、それを読んだら思わず、わーって泣いてしまったの」と口にされたのです。

ローカルのお笑いバラエティテレビ番組。そうでありながら、東日本大震災のような大きな危機状況で、こんな風にファンを支え、ファン自身も支えにしたようだ、というのは大きな驚きでした。専門家、例えば臨床心理士は「こころのケア」のような取り組みをしましたし、リスコミの活動をした人たちも安心してもらうべく、不安な日々を送る住民の人たちと向き合ったと聞きます。でもそういった取り組みとは別次元で、この番組は危機状況で普通の人を支えたんだ、と痛烈に思いました。後回しにされがちですが、震災で一時的に元気を失っている普通の人たちを元気にすることはとても大切で、この番組はそんな役割を果たしたようです。一体なぜこの番組はファンを支え、元気にすることができたんだろうか。その理由にはおそらく番組の性質と、そしてこの番組のロイヤルティ（忠誠心）の高いファンコミュニティがあります。研究してみようか、と思ったのはその時です。

ほどなく、この番組を見て元気になったのは被災地にいたファンだけでなく、他のファンの中にもクライシス（危機状況）に遭い、番組を見ることで元気になった人がたくさんいることがわかってきました。インタビューや実験の結果、推測した心理的メカニズムは後述します。

後先になりましたが、番組を見通した約二週間後、Facebookに「藤やんとうれしー」という有料ファンサークルができたのでそれに入りました。何するんだか全然わからないけど、何だか面白いことをやってくれそう、と思ったのが大きな動機です。人生であまりミーハーなことをしたことがないので、最初はいささか居心地が悪かったのですが、次第に友人も増えてすっかりはまり、イベントでは五十代にして人前で大口を開けて笑い転げ、妹には「ミイラ取りがミイラに」と呆れられています。

さて自己紹介の最後にもう一つ書いておきます。私はバツイチで一人で暮らしています。何故そんなことをわざわざ書くかというと、実は私自身が、番組を見て安心するという妙なメンタリティがあり、それは多分私の過去の経験と関係しているからです。普通に考えると変ですよね、お笑いバラエティ番組を見て安心する、なんて。第一、私は日常的にはテレビのお笑いバラエティなんてほぼ見ません。特にボケツッコミのある番組はいじめのように感じられることも多いので、まず見ません。でも「水曜どうでしょう」は違います。くだらない喧嘩をしていても、誰かが誰かを騙しても、番組の世界はいつも平和で、実に馬鹿馬鹿しくて、そしてほっとします。

私には世界がとても怖かった時期が何回かありました。でも、そんな私がこの番組に出会って、番組を見て笑い転げ、ほっとし、そして、私と同じように感じる人がかなりいることを発見しました。私は多分藩士の人たちとどこか似ているんだと思います。この人たち――多くは真面目な生活者の人たち――は、人生にはそういったクライシスがあること、そしてあたりまえのように見える日常は、実はごくささいなことで壊れてしまうことがあることもよく知っているように思います。病気。いじめ。職場の人間関係。倒産。リストラ。ハラスメント。ＤＶ。離婚、不倫。流産や不妊。家族の障碍。燃え尽き。鬱。原因不明の持病。発達障碍。身体障碍。性犯罪……。こういうクライシスは実は本当によくあり、個人の日常はそういったことで簡単に壊れます。でもだからこそ、藩士の人たちはこの番組のゆるくて他愛のない世界を愛し、笑うことを大切にしているんじゃないかと思うのです。

藤村さんは番組で癒されるというような話をすると「そんなつもりで番組を作ったんじゃない」と言って嫌がります。視聴者をいかにして笑わせるかを考えていただけだ、と。もちろんです。でも、そうだからこそ、この真面目な人たちが「純粋に笑うことの愉しさ」を番組で知り、元気になっていったのではないかと思います。人生の中で幾度かクライシスに遭った人間の一人として、多くの人たちがこの番組を見て災害も含めそこから立ち直り、番組に深く感謝しているという事実を記録に残しておきたいと思いました。そのことも、この本を書こうと思った大きな動機です。

この本で解こうとしている問い

さて。この本で解こうとしている問いは「なぜファンの人たちはこれほどまでにこの番組にのめり込むように惹かれ、時には執着し、ロイヤルティの高いファンコミュニティができたか」、そして「どんな風にレジリエンス効果（いわゆる癒し効果）が生じたのか」です。

間違えないでほしいのは、私は「番組がなぜ面白いか」を明らかにしようとしている訳ではない、ということです。番組がなぜ面白いのか、については関連本やDVDの副音声で、制作者のお二人や、出演者の大泉さん、鈴井さん、クリエイティブオフィスキューの伊藤亜由美社長も、番組制作側の立場で語っています。佐々木先生の本（佐々木（二〇一二）。巻末の引用文献リスト参照。以下同様）も番組がなぜ面白いかを物語の二重性から解いています。この問いは、基本的には番組内容（コンテンツ）を中心におき、それを出演者の才能や芸や制作方法から考えるということだと思います。

一方、この本で解こうとしている問いは、「受け手である視聴者の心理」が関心の中心です。もちろん番組内容は重要ですが、番組がどんな媒体でいつ、どんな状況で見られ、視聴者は番組の中の何を良いと思った（認知した）のか。これらは視聴者の性格や生活状況、視聴状況とも深く関係しています。実際、テレビのオーディエンス研究では、「どんな属性の人が番組内の誰に共感し、感情移入し、それをどんな風に解釈したか」を研究します。同じ番組であっても、受け手の解釈は一様ではないからです。最近、それに近い例に遭遇しました。二〇一九年の「さぬき映画祭」ではHTB制作のドラマ「チャンネルはそのまま！」の第一話が限定公開され、その後、本広克行総監督、藤村さん、嬉野さんがトークショーに立ちました。番組を見て、私も含め思わず泣いた観客がいたのですが、それを嬉野さんから告げられた本広・藤村両監督は、「泣くとこなんかあったっけ？」と不思議そうでした。制作側としては、コメディを作ったという意識しかなかったようです。それでも泣いた視聴者がいたのは、視聴者が番組の積極的な読み手として、自分の経験や感性を使ってそれぞれ番組を解釈したからです。受け手の解釈、とはそういうことです。だから私は、どんな人がどういう契機でどこを見て番組が好きになり、どんな風にファンコミュンティができたかを知りたいと思いました。比喩的に言うなら、私は番組自体を研究しようとしたのではなく、ファンという「鏡」を通して、そこに映った番組を間接的に見ようとした、とも言えるかもしれません。その意味では制作者や出演者の方たちの語ることとは全く違うものです。

調べた結果、比較的すぐに、前述のように、視聴者の人生の大小のクライシスが番組を見ることで克服され、それでロイヤルティの高いファンになったケースが非常に多いことがわかりました。

さらに調べていくうち、コアなファンの番組に対する思いは単純に「面白い」とは少し違う、と考えるようになりました。むろん私も含め、ファンの誰もが番組を面白いと思っています。でも、ロイヤルティの高いファンの心理には、楽しさを教えてくれた番組への「感謝」があります。宗教、と時々言われる所以はこのあたりにあるのでしょう。もちろん実際には番組を拝んでいる（？）のではなく、皆、番組を見て明るく笑い転げ、ネタにしているのですが。

加えて、コアなファンが普通の「面白い」よりずっと深く番組世界にのめり込んでいる、専門的に言えば「没入」（absorb）していることにも注目しました。出演者、制作者の四人をとても身近に感じ、「五人目の旅人」になることを熱望し、時には四人以外の出演者に嫉妬したり。そして番組が繰り返し撮られた札幌の平岸高台公園に行って、そこで番組と似たような写真を自分を入れて撮ったりします（本書のタイトルはこれに由来します）。そしてレジリエンスとも関係しますが、番組を見てその世界に安心し、ほっとしたりします。本文で詳しく書きますが、番組内容をこんな風に、まるで制作者と自分たちとの共通の思い出のように感じているのは、単なる「面白い」では到底説明できません。

ただ、実はなぜそこまで心を奪われ、のめり込んだのかについて、ファンの方自身がよくわかっていないのではないかと思います。それは私自身についても言えます。当初、なぜこの番組にそれほど惹かれるのかがよくわからなかったのです。面白い番組は世の中にはたくさんあります。それに、この番組に出ている若い頃の大泉さんはキラキラしていますが、とはいえ洗練された現在とは異なり、映し方の問題もあるのですが番組で見る限り一目でわかる典型的ハンサムとは言い難く（……すみません）、「嵐がかっこいいから好きで、だから嵐の番組を見る」というような単純な話でないのは明らかです。私も多くの人と同様に、当初しばらくはテレビやネット動画で憑かれたように番組を見、結局DVDを全て揃えることになりました。

ということで、約二年半、心理学者でかつメディアにも関心のある研究者として検討・考察してわかったと思う本書の内容を、以下駆け足で書きます。私はテレビ評論家でも芸能評論家でもライターでもないので、結果として、番組内容や出演者よりメディア（媒体）利用の時代変化とその影響、ファン心理が主な内容になりました。タレント本ではないので期待に応えられないところもあると思います。でも、この番組は心理学の角度から見ると興味深いことがとても沢山あるので、発見はあるだろうと思っています。以下、少し本文とは順序が違いますが、わかりやすさを優先して簡単に内容をご紹介します。

① 番組の魅力の身体性と臨場感（第四章）

インタビューの対象者の一人、二十代の若者は番組をこんなふうに語りました。これは番組掲示板についての話をしていたときです。

> 客観的に見れば価値のないものに見えるものに、ファンがむしろ価値を与えてる感じがするんです、「どうでしょう」って。こっちから面白いところを探しに行くとか。日記にしても、嬉野さんの文章面白いって言うのは、多分「あ、これは価値のあるものだ」っていうのを受け取った側が勝手に言ってると。〔中略〕ジャニーズとかだと、「だってかっこいいじゃん」で、確かにかっこいいってなるんですけど。「どうでしょう」って大泉洋がそんなにかっこいいかって言われたら、別にかっこよくないし。ダウンタウンほど面白いかって言われたら面白くもない。そうなったら僕らが多分価値を勝手に出したんだなっていうあたり〔に興味がある〕。〔中略〕面白いかどうかってのは結構懐疑的で面白くないんじゃないかとも思ってるんです。落語にも同じようなこと思いますけど。落語は別に気持ち良かったりしますけど、常に大爆笑かって言ったらそうではないし。〔中略〕結局面白いから売れてんでしょう、みたいな話はもうあまりできないなっていうぐらい、別に面白くないんじゃないか。ただ昔から一貫して変わらないのは、リズムがとにかくいいってことですね。
>
> （KSさん@京都府、二十代男性）
>
> ※〔　〕は補足。傍線は広田。以下同様。

このインタビューはごく初期で、当初は聞き流していたんですが、その後、心理的メカニズムを考えた今、これはかなり当たっているのでは、と考えています。彼の台詞はなかなか過激。さすがにファンが価値を与えているだけとは本当は思っていないでしょう。私も、番組が面白くないと言うつもりは毛頭ありません。でも、これだけ視聴者の没入感が強いのは、面白さが通常と少し違うからだ、と思うのです。

横道にそれます。心理学をやってきて知ったのは、我々が日常、自分について意識の中で主観的に持っている説明が全然正しくない場合がとても多い、ということです。「吊り橋効果」なんかが典型です。目も眩むような渓谷にかかった吊り橋を渡ったところに女性の研究者がいて、その人から研究に関する質問を受け、後日インタビューをしたい、と電話番号をもらい、のちに実際に電話を受けるという研究があります（Dutton & Aron, 1974）。このとき、揺れる吊り橋を渡った男性実験参加者は、固定されていて揺れない橋を渡った場合に比べ、研究者の質問に応じることが多く、また電話番号を受け取り、さらにインタビューに応じてくれる割合も高かった、というのが研究の概要です。理由は、吊り橋を渡ったときには揺れが原因で心拍が上がっているのに、その心拍上昇の原因を「出会った女性研究者が魅力的であるため」と本人が誤って考える（誤帰属する）から、と解釈されています（追試ではうまくいかなかった、という報告もあるのですが、それは本筋とは関係ないのでとりあえず措きます）。こんな風に我々が自分について意識の上で考えている説明は実は間違っていて、本当は別の原因によって引き起こされている例は非常に多いのです。

番組についても、実は同様ではないかと思います。視聴者が「〜の理由で面白い」と言う回答は、意識された部分から出てきています。しかし、私はいくつかの理由から、視聴者が強く惹かれる理由は、実際にはそれと別のところにもあるのでは、と考えました。具体的には、あまり意識に上らない、リズムに代表される体感の部分です。

思想系の分野で比較的最近注目された概念に「身体性」がありますが、この番組はたぶんこれがとても高いのではないかと思います。身体性は、心理学で言うなら、言語や物語とは別の、非言語的な知覚や体感（gut feeling）（gutはガツサシのガツ、つまり内臓感覚。腑に落ちる、と言う時の腑）。この面の魅力がこの番組ではものすごく強いのではないでしょうか。だから視聴者は見ているととても快感なのですが、実際にはそれがどこから生じているのかあまり意識しません。そうすると視聴者はその「快感」を説明できない。そのため、代わりに自分が意識している「面白さ」に実際以上に理由を求めていくのではないかと思います。「どうでしょう」の身体性の中心は、番組の編集や大泉さんの語りが生み出すリズムや流れ。そして姿の見えない藤村さんの「声」、大泉さんの表情の変化、嬉野さんの撮る画角などが代表的なものではないかと思います。極めて緻密な編集がこの身体性を生み出す源になっていると推測しています（第四章）。

ただそう考えていることもあり、この本では逆に、意識された主題、つまり「面白さ」（笑い）や話芸の話は基本的に扱いませんし、そのため出演者の大泉さんと鈴井さんもあまり出てきません。繰り返しますが、もちろん面白いんです。でも多分没入感やよくわからないけど惹かれる、という理由の

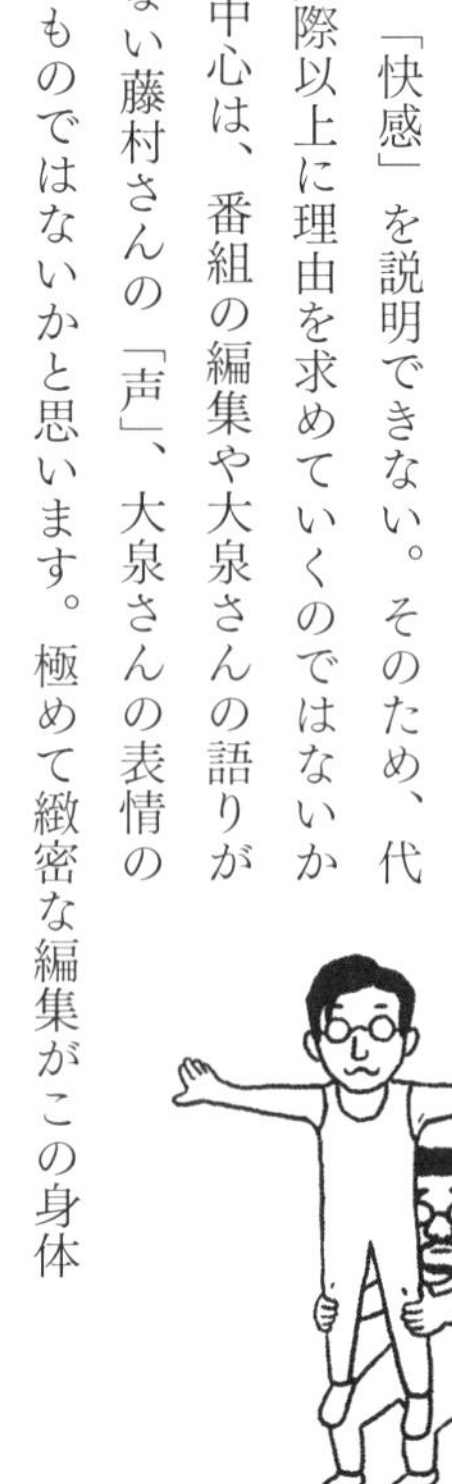
身体（しんたい）を使（つか）ってゐる

根源は身体性にあるのでは、と考えています。

　出演者のお二人、特にメインタレントの大泉さんにほとんど触れずに番組関連本が書けるのか、と言われると非常に困ります。随分考えたし、とても悩みました。私は大泉さんの話術や表情が大好きです。俳優としても好きでしたが、今は「どうでしょう」の中の大泉さんがもっと好きになりました。鈴井さんの演劇的な前枠・後枠や駄洒落も、あの時々の爆発的な笑いを作り出す技も。でも、笑いについても、大泉さんや鈴井さんの才能についても、芸能の素人である私が書くのはむしろ失礼でしょう。そこはもっと知識のある方が書くべきです。だから原則、あまり深くは触れません。

　さて戻りますが、身体性に加えて指摘したいのは没入感です。むしろこちらの方が大切かもしれません。多くの人がこの番組に非常に深くのめり込み、四人と旅をしているように感じる、と言います。これは一つにはラジオだと言われるくらいこの番組で語りや声が重要であることによるのですが、もう一つ、嬉野さんが撮った画角が極めて重要だったのでは、と考えています。この番組は、通常の番組や映画のように「別の世界に自分がいるかのよう」に感じるのではなく、ファンの方の話を注意して聞いていると、「自分の日常世界の続き、つながったところに番組世界があり、そこに自分がいる」かのような感覚であることに特徴があると思われます。ずいぶん長いこと理由を考えていたのですが、どうやらそれは、知覚心理学でいうベクション（視覚誘導性自己運動感覚）という感覚が生じているからではないかと思い当たりました。細かいことは本文で書きますが、カブの後ろ姿が写っていて左右に風景が流れていく、あるいは車のフロントガラスの両側を風景が流れていく、この番組の特徴と言われる画面は、見ている人にとって自分の体も前進しているような感覚を強く生み出します。車が動いているのだから当たり前だろうって？　いえ、そうではなく、視聴者自身の体がその風景の中を前に進んでいく感覚になるところが特別なのです。これはテレビ番組の視聴でよく言われる通常の没入感ではなく、バーチャルリアリティ研究で言う「臨場感」にあたります。一人称ゲームをやっているとき、自分がゲームの中に完全に入り込んでいる感じがすると思うのですが、どうやらこの番組の画角はあちこちでこういった一人称ゲームのような効果を生じ、そのことが他の番組にはない、「一緒に旅をしている感じ」を生み出しています。そして他の要素も相まって、番組世界が自分の世界とつながっている感じや自分自身が体験した感じになり、四人や番組世界へのひときわ強い強い愛着を生んでいるのではないかと推測されます。

世界(せかい)で
車窓(しゃそう)から

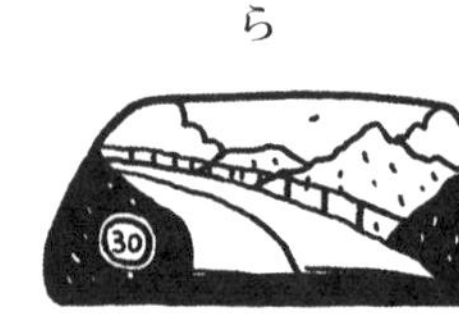

② レジリエンス効果の仕組み（第五章）

二つ目。巷間言われる「番組を見ると元気になる、というのは本当か」、言い換えるとレジリエンス効果（いわゆる癒し効果ですがもう少し広い概念で定義は後述）があるかをかなり真面目に検討しました。はい、多分存在しそうです。残念ながら「科学的なエビデンスが得られた」というところまで検討できてはいません。他の番組との比較もしていませんし、疫学的検討もしていませんので。が、実験やインタビューからの傍証で検討し、心理学的メカニズムを推測することはできるので、あっても不思議ではないと思います（念のため書きますが、超常現象やスピリチュアル、宗教的救済のようなものを考えているわけでは全然ありません。私は基本的にとても科学志向の人間ですので）。私は最初、嬉野さんがお悩み相談をしていた番組掲示板に注目していたのですがそうではなく、番組本体の視聴が効果を持っていそうです。ただ、そこには番組内容だけでなく複数の要因が絡んでいます。

番組を見て笑うことが元気になる中心要因です。笑うと元気になるという話を聞いたことがあると思いますが、ポジティブ心理学という分野では笑うという行動が健康に寄与すると考えられています。ただそれなら笑える番組なら何でもよいはず。でも、他の番組でこんな話あまり聞いたことがありません。実は、「どうでしょう」は笑えるというだけでなく、レジリエンス効果を生み出す背景要因を複数持っていて、その要因があることで初めて効果を生むことになったのだと思います。例えば媒体。実は効果が出た理由は、番組が通常のテレビのレギュラー放送からＤＶＤという媒体に移行し、また違法ながらネット動画として見ることが可能だったため、集中的に繰り返し番組を見られる環境だったことが大きく関係していると推測します。『『繰り返し』番組を見たこと」。これはレジリエンスだけでなく、様々な側面で重要なポイントでした。だから媒体（メディア）の変化は重要です。でも、繰り返し視聴が可能だったのは、身体性の高いコンテンツだったことも関係しています。面白いものでも企画やストーリーが主のコンテンツなら飽きてしまって、何度も見るのは難しかったでしょう。

コンテンツ内の要因はさらにあります。番組の中で姿は見えないが響き渡るディレクターの藤村さんの笑いは非常に重要です。また画面があまり心理的負荷（認知負荷）が大きいものだと見ること自体が難しかっただろう、というのも大きなポイントです。元気になった人の多くは「ほかの番組は見られなかったが、この番組だけは自然に見て、話の中に入っていけた」と言います。これについては嬉野さんの画角が深く関係していそうです。顔は対人コミュニケーションの際に重要であることから、人間は顔に対して他のものとは違う独自の認識機構を持っている、という説が有力です。研究上の経験でも、ポスターに人の顔があると、驚くほど例外なく視線はそこに向かうのです。ただ逆に言えば、顔は、他人の感情などを受け取る情報源となるため、それを見るのは心理的負荷が高いことも想像されます。視線についても同様です。この番組では初期を除くと、出演者はあまり不自然な「カメラ目線」をしません。この結果、「どうでしょう」の、顔を撮らずに声だけ、あるいは顔が映っても出演者と視線が合わない画面が、おそらく鬱状態の人にとっては負担が小さく、だから見られたのではないでしょうか。さらに笑い自体の質や、番組が「日常性」を大切にしていること、女性にとっては多分下ネタが出ないことも案外重要だと考えています。このあたりの詳細は本文をお読みください。

レジリエンス効果は心理学でも、また防災でも最近重視されています。これは単に「癒される」ことを指しているのではありません。クライシスに遭ったとき、ＰＴＳＤになる人もいれば、ならない人もいます。レジリエンスは、「クライシスにあっても、そこから立ち直っていく力」のことです。防災工学でいうと、例えば地震災害に遭ったとき都市が一時的に破壊されることを避けるのは困難です。しかし、そこからできるだけ早く立ち直って復旧していけること。これがレジリエンスのある都市です。ファンの人たちは、この番組を見ることで「元気になる」と言います。何かが起こっても番組を見れば立ち直れる。とすれば、まさにレジリエンス効果と言うべきです。

　番組のファンコミュニティの核には、この元気になって番組に感謝している人たちがいます。インタビューだけでなく、「藤やんとうれしー」の「寄合」と言われる制作者とファンの飲み会でも、鬱、離婚、ＤＶ、会社の倒産、リストラ、病気など、とても重いものから軽いものまで、さまざまなクライシスから番組をきっかけに立ち直り、とても感謝している、という自己紹介をする人は毎回、驚くほど多かったです。おかげで嬉野さんは、そんな話が出ると「クライシス！」と言って皆で拍手するという盛り上げを編み出したほどです。そしてその人たちもそういった随分重たいことを語りながら、全然不幸そうではありません。みんなそれを笑いにして、番組との出会いを実に愉しそうに語るのです。私が知る機会があったファンはディープな藩士が多いのですが、しかしその周囲にいる普通の藩士の方たちも、重い軽いはあってもきっと同じような部分があるように思います。

③ メディアとファン（第二章、第三章）

　三点目はメディア（媒体）です。レジリエンス効果とメディアの関連を知って、私は使われたメディアがファンとの関係に与えた影響について興味を持つようになりました。この番組は二〇〇〇年というテレビ局としては非常に早いうちに番組ＨＰを持ち、視聴者との双方向のやりとりを始めました。そこではファンからのコメントは掲示板に掲載され、それに制作者がコメントをつけ、時には大泉さんや鈴井さんといった出演者の書き込みもある活発なものでした。この番組は、ある時期から不特定多数でなく特定の視聴者（お客さん）に対して番組を送る、いわゆるリレーションシップマーケティングのような長期的関係を構築するスタンスに代わったようです。通常のテレビ、特にキー局の制作者は、後述するように、番組と番組の視聴率には関心を持っても、個別の視聴者にはそれほど興味はないようで、まさに顔の見えない大衆に対して情報を送るマスメディアの担い手です。対照的に、この番組の作り手である藤村・嬉野両Dは、日記や視聴者からのコメントなどを通し、活発に掲示板で双方向のやり取りをしました。その後、参加者が万単位の大きなファンイベントを二回開催した後、二〇一一年からは、今度は二千人程度のイベント「キャラバン」に移行し、初年度は東北、以降は徐々に場所を西に進めて実際に毎年ファンと顔を合わせてきました。そしてさらに今（二〇一九年現在）は「藤やんとうれしー」というFacebookの有料コミュニティを舞台に、時々三〇人程度の少数のファンと呑み会をしています。そうやってずっと番組の視聴者と向き合い、冒頭に書いたように顔の見える相手に向けて番組を送ってきたように見えます。なぜそうしてきたのか。嬉野さんは「ローカルとはそういうもの」と言うのですが、私にはどうもそれだけとは思えませんでした。お二人に直接会ってみて、やはりそこには彼らの性格と一種の信念があるのだろうと考えています。

一方、視聴者側にとっては、ビデオ録画が一般化し、同時性というテレビの大きな特徴が失われつつある状況下で、番組掲示板を通して制作者との双方向のやり取りを二〇〇〇年から比較的最近までしてきたことになります。メディアの研究者やテレビ制作者はテレビという媒体の時間性を強調しますが、私もテレビは同時性、つまり人々が一緒に同じ時間や場合によっては同じ場所でテレビを視聴し、結果としてその後学校や職場で番組について語り合い、番組に対する共感を共有したことが非常に重要であったと考えています。そしてその共感の喪失が、影響力が依然あるのにテレビに対する世間の評価を著しく下げた一因だとも。しかしこの番組の場合、番組掲示板を通して積極的にコミュニケーションすることで、視聴者同士の共感の共有をかなり維持できたのでは、と考えています。そして、それは現在のソーシャルメディアでの「共有」(share) の先駆と位置付けられるものだと思います。

もう一点。道内と道外のファンの違いにも、媒体が影響していると考えるようになりました。道内では今でも毎週「どうでしょう」が放送されており、多くの人は自分の生活時間の中で自然にそれを見ています。一方、道外のファンは、確かにずっと放送している地方もありますが、むしろテレビはきっかけで、そこからネットやDVDで集中的に番組を見た人が多くいる印象です。乱暴ですが大づかみに言うなら、道内はその点で基本は従来型のテレビのファンだと思います。しかし、道外のファンは、ネット系、つまりかなり選択的に視聴しており、受け身ではなく自分で番組に関与していくことを好んだりするなど、違っているように見えます。レジリエンス効果を語る人も道外に多い印象です。「道外のファンは熱狂的すぎる」と道内の方はやや冷たく (?) 言うのですが、恐らくそれは、視聴形態やその後の共感の共有方法の違いから生じている可能性があります。

④ 番組の水平性と日常性（第六章）

さて、再び番組内容に戻ります。番組内容の中で、面白さや身体性以外に視聴者をのめりこませる重要な要素、そして視聴者が意識しているかどうかは別として番組から読み取り共有している価値観は、恐らく「水平性」と「日常性」、そしてこれらから生じる「安心感」ではないかと思います。

この番組は、制作者と出演者の地位格差、つまり上下関係があまり感じられず、また制作者と視聴者の間の格差も比較的小さく、その水平性が視聴者にとって魅力になっているところがあるようです。出演者と制作者の水平性が魅力であるというのは、旅ではいつでもなぜか四人部屋という場面が視聴者に人気があることで示されています。また初期には年齢的に地位の低いはずの大学生の大泉さんが、時折、年上の三人にいばったりするあたりも水平性の象徴でしょう。

そして番組内だけでなく、藤村さんや嬉野さんが番組外で、掲示板や日記を通して、また現在では直接に、視聴者と接点を持っていることは、恐らく視聴者にとって水平性を感じる上でもっと重要です。これもまた、視聴者にとっては通常自分と切り離された別の世界として対象化するはずの番組が、そのままフラットに自分の日常世界とつながっているように感じられる要因ではないかと考えます。五人目の旅人と感じたりする番組への没入感は、撮影方法だけでなくこの点も関連していると推測しています。

水平性が重要なのは企画「初めてのアフリカ」(二〇一三)にいま一つ人気がなかったことも傍証です。この企画では、いつも通り、大泉さんが藤村さんらに向かっていろいろぼやきます。でも、かつてただの大学生あるいはローカルタレントだった時とは異なり、今や大河俳優になった大泉さんのボヤキは、よく聞けば以前と変わらなくとも、視聴者には「偉そう」、つまり以前のようなフラットな世界には見えなかったのではないかと思われます。

とはいえ、この番組の水平性は依然として生きています。「水平に番組の中と外（日常世界）がつながっている」感じは、二〇一八年夏の岩手県大槌町のキャラバンで制作者の二人が札幌でイベント中の出演者二人と中継を結んで次の旅に誘った時にも出てきました。小雨降る大槌町の現場から藤村さんは「大泉君、旅に出ようか」と、札幌の大泉さんにテレビ画面を介して話しかけますが、この場面では視聴者の日常世界と番組の世界の水平なつながりが強調されました。当時私は訪問研究員として米国東海岸の大学にいたのですが、真夜中にライブ中継の画面を見て、テレビの中から日常にそのまつながっていくような水平さを魔法のように感じ、驚いてしまいました。意識的だったのかどうか、そこはわかりません。詳細は本文を見てください。

最後は日常性です。この番組は旅モノと言われますし、実際「どうでしょう」の旅は面白いです。しかし、よく見ると実は人気のある企画は必ずしも旅モノではありません。イベントＵＮＩＴＥ２０１３の人気企画一位は、旅をするとはいえ早食い競争主体の「対決列島」、第二位は畑を開墾し、料理をする「シェフ大泉夏野菜スペシャル」です。「シェフ大泉クリスマスパーティ」（六位）も旅モノではなく、また、「北極圏突入～アラスカ半島６２０マイル」（八位）も、実は旅より大泉さんが料理をする場面が随分長いです。料理は日常性を表す行為の代表格だと思うのですが、視聴者にとって、案外それが大切なのです。

また旅モノであっても彼らが使うのは、カブ、鉄道、深夜バス、トヨタのハイエースやプリウスといった普通車。服装はごく最近までジャージが標準でした。走ったのも、国内では視聴者のそばにある「いつもの」町です。番組の中で彼らは、我々が日常時たまやるように、車で若干の速度オーバーをしたり、拉致ごっこをやってみたり、ハイジャックをそそのかしたりしています。これらは放送コードには確かに引っかかるかもしれない。でも、本当は、「そういったことは決して起こらない」と信じて、逆に平気で口にできるのが日常生活というものだと思うのです。

目標とするところには大概行きつかず、すぐしょうもない嘘をつき、つまらないことで口喧嘩をし、サボったり騙したり人を蹴飛ばしたりする。でもそれでいながら、この番組には潜在的にも人を傷つけず、深刻な暴力や犯罪の匂いもまったく感じられません。

この番組のファンには意外と女性が多い、というのが二年以上見てきた私の観察です（実際、レギュラー放送終わり頃の個人視聴率では女性や主婦の割合が初期よりずっと高くなっています）。そして、恐らくはその女性たちは、一つには番組の持っているこの「日常性」に強く惹かれているのではないかと思います。「この番組には怖いものが一つも映っていない」と言ったファンの女性がいたのですが、とてもよくわかる、と思いました。ここには徹底的に人を追い詰めたり貶めたりする怖さがありません。そういう陰湿さがないのです。代わって日常のゆるさ、つまりは寛容さがあります。災害やクライシスが起きて日常を失ったときに初めて気づく、他愛ない、昼下がりのようなゆるい日常がこの番組にはいつもあります。どんなにバカバカしくてくだらないやり取りでも、それを見ると脱力してちょっと泣きたくなるような、そんな安心感が漂っています。

嬉野さんは番組を撮り始めた時、「ここは何ていいところだろう」と感じたそうです。多分その感懐は、この安心感とつながっているものではないかと私は思います。

⑤ 番組世界とつながろうとするコミュニティ（第七章）

最後は「コミュニティはなぜ生まれたか」。すでに述べたように、ロイヤルティの高さの核にはレジリエンス効果があると考えています。でももちろんそれだけではありません。むしろ、コミュニティ自体は、まずは番組についての共感を共有するために生じたのではないかと思います。

インタビューでも出てきますが、多くのファンは番組について誰かと語りたいと思っています。初期の頃、道内でレギュラー放送を見ていた人たちの多くは、高校や大学で番組について話した思い出を話してくれました。道外のファンでも「道内の友達から、面白い番組があると言われてビデオ（DVD）を送り付けられた」という人が少なからずいました。そして道外、特にファンの少ない地域で番組を知った人たちは、ブログを書いたりイベントに行くことで、他のファンとつながり番組の話をしたいと考えていたようです。その後SNS等を利用するようにはなりましたが、今でも状況は同じで、そうやってネットやイベントは共感を共有する場になっています。

集まった人たちがたやすく友人になれるのは性格的共通性もあります。見ていると、ファンの方たちは真面目な生活者が多いですが、人間関係や人とのコミュニケーションに苦手意識のある人もかなりいて、人見知り率も高い。とはいえ、「どうでしょう班」に憧れ、そんな人間関係の中に入りたい人たち。そういった人たちが、五人目の旅人として、人から何かを強制されたり突っ込まれたりすることなく、四人の中で黙って温まっていられるのだろうと思います。そしてもう一つの共通点は、この番組のファンが「番組世界」とつながりたいと意識的・無意識的に考えていること。怖いものがない、ゆるくて平和で呑気な日常性のある番組世界。クライシスの時に自分を支えてくれた番組への信頼。もちろん番組側がコミュニティを維持するため、積極的に様々なイベントをしてきたことも見逃せません。

もう一つ、この番組のコミュニティ形成に関して特筆すべきことに、言葉、いわゆる「名言」の共有があります。政治学者ベネディクト・アンダーソンに『想像の共同体』(一九九七)という有名な本があります。これは「想像の共同体」である国家がどう成立したかを書いていますが、その極めて重要な要素に言語があると主張しています。人々は同じ言葉を使う人を、自分と同じ共同体の成員であると認識します(だからこそ、近代国家は国語教育を熱心にしました)。このことはこの番組のコミュニティにも当てはまります。「どうでしょう」ファンコミュニティは番組の中の名言を共有し、共通言語として持っています。ファン以外にはほとんどわからない言葉を持っている。このことが、この番組のコミュニティの紐帯を強くしたことは間違いありません。

さて。以上が要点の大よそです。よくわからない？　では興味のあるところから本文を読んでください。とても「濃い本」になってしまいましたので、一度に読むときっと疲れるでしょう。どこから読んでもらっても、インタビューだけ読んでも、疲れたらそこで休んでもらっても構いません。本文ではインタビューを交えてもう少し根拠などを丁寧に説明していますので、好きなところからゆっくりどうぞ。

最後にもう一言。この番組はよく「ローカルテレビの成功例」と言われます。でも調べるうち、私はその枠組みで捉えることがかえってこの番組を理解しにくくしているのではないかと考えるようになりました。メディアとしてのテレビの特性は同時性や時間性、作り手の匿名性にあると言われてきましたし、ローカルとはいえマスメディアなのですから、基本的には、顔の見えない不特定多数の大衆に一方向的に情報を送る媒体であったはずです。しかし、この番組は途中からＤＶＤ化して同時性を放棄し、番組掲示板では双方向のコミュニケーションをしてきました。作り手の匿名性は番組の第一回の時点から放棄されています。

一方、ファンはこの番組を繰り返し見ますが、番組の編集の緻密さから生じる身体性はそこで生きています（この編集手法は昨今の人気 YouTuber の編集と共通性があります。と言うよりそもそもどうやら YouTuber 側が真似たようです）。ＤＶＤでの細かい作りこみは、「テレビ放送のおまけ」ではなく、例えるなら映画に近いようにも思います（低予算に悩まされてきた藤村さんは絶対に「映画みたいなそんないいもんじゃねぇよ」と言いそうですが、繰り返しを前提とする媒体の性質からするとそうだと思います）。また水平性や日常性もネットメディアと共通性が高い。「マス」ではなく、顔の見えるファンに送るということも。そんな点からすると、個人的には、ローカルテレビ番組の成功例というより、ネット時代の動画配信ビジネスの先駆例と見る方がわかりやすいのでは、と思っています。

駆け足で要点を書いてきましたが、最後にこの本の論の材料を作った研究方法について書いておきます。

研究の方法

中心はファンの方一九名への半構造化インタビュー（一回二時間半程度。対象者属性は巻末の付表参照）。この方法は、ある程度質問項目を決め、大よそそれに沿ってインタビューしていく方法です。通常はその後、量的調査をするものなのですが、予算がなかったこともあり、この番組の研究にも適かないと考えて実施しませんでした。また参与観察として「藤やんとうれしー」での寄合や様々なイベント、その他二人のDのイベントに参加しました（巻末の謝辞参照）。参与観察は、対象となる社会や集団に観察者がある程度長期的にそのままメンバーとして参加し、直接対象を観察する方法です。レジリエンス効果に関しては、学生の卒論の一環として実験を行いました。私は本来、実験や量的調査のような計量系の科学的手法を用いる研究者ですが、今回に関してはこれ以外そういった手法はとりませんでした。だから私の立場からすると、もちろんここに書くことの多くは科学的にはエビデンス不足で、仮説にすぎません。とはいえそれほど大ハズレではないだろうとも思っています。

人が大切にしていることについて物を書くのは本当に難しいです。私はファン歴は短いですし、関係者の方の知っていることで私の知らないことは沢山あるでしょう。それにファンはそれぞれ一家言持っているものですし。「番組の方が面白い」と書かれるのが目に浮かぶようですが、そりゃそうですとも！　難しいから止めた方がいい、と研究者仲間には言われました。

ただ、私は本というのはウェブや動画と違って長持ちするものだと思っています。ウェブでは、たとえデータは残っていても、むしろ割合すぐに消費され、検索できなくなることで消えていきます。歳をとったせいだけでなく比較的以前から、私は研究者として自分の仕事をする時に、ある程度長持ちする仕事が大切だと思ってきました。そして本はある程度長い年月残り、年月を超えて繰り返し読まれる媒体だと思っています。図書館で、昔の映画や落語の本を読んだことはありませんか？　私はそういったものを読んで、興味を持って映画を見たり落語を聞いたりしたことが随分あります。そんな風だといいと思うのです。この番組がこれだけ長い年月にわたって多くのファンを惹きつけたこと――それはファンクラブに入っているようなコアなファンだけでなく、時々ご飯の時にチャンネルを合わせて見たような人、あるいは昔夢中で見たような人も含みます――は、それ自体驚異的です。そして社会心理学者である私としてはやはり、番組を見て被災や心理的なクライシスから立ち直ったという人たちがこれだけいることは、残しておくべき事実だと考えています。全体をうまく書けたかどうかはわかりませんし、どう評価されるのかは考えるのも怖いです。しかしそれでも、本として残す価値はあると今でも思っています。

書いている間、私はこの番組に関わってきた人や、番組をとても大切に思っている人たちを思い浮かべながら、その人たちに失礼のないよう自分なりに時間と誠意と能力を尽くしたつもりです。この番組について考えることは、いろいろな面で人間の心理について考えさせられ、心理学者として非常に挑戦的な課題でとても勉強になりました。そして、私もまた番組と藤村さんや嬉野さん、多くの藩士の方と出会えたことを非常に幸運だったと心から思っています。私の説明は、多分藤村さんや嬉野さんの説明とは違うだろうと思います。藩士の方とも違うはずです。専門性が違うので、この番組について書いた佐々木先生とも随分違います。でもそういう別の視点や学問背景で見ることで初めてわかることがあるのでは、と思っています。不足はあっても発見もあるはず。それを受け取ってもらえると嬉しいです。

以上。ようやく次から本文です。番組をよく知らない方は第一章から、すでに番組をよく知っている方は第二章からでも。お好きなところから読んでください。

（なお本書中のインタビューは、事前に書籍や論文での公開について説明し、同意を得ています。匿名化し、プライバシーに配慮いたしましたが、「これはあの人では」と推測されることもあるかもしれません。それでも、それがその方を傷つけることのないよう、きっと藩士の方ならご配慮いただけるのでは、と思っております。写真に写っている方についても同様です。）

第一章　「水曜どうでしょう」とはどんな番組か

まず質問。あなたはテレビ番組「水曜どうでしょう」をご存知ですか？「ああ、よく知ってる、好き、何度も見た」という方は第一章は飛ばしてください。きっとあなたは北海道で生まれて育ったか、住んでいる、住んでいたか、あるいは「藩士」と言われる人ではないかと思います。または関係者か。多分、皆さんに第一章は必要ありません。といってもWikipediaに書いてあるようなこととはちょっと違うことも書きましたが、まあでも多分飛ばしても大丈夫。第二章へどうぞ。

そのいずれにも該当しないけど、一応番組名くらいは知っている、という方。ひょっとしてあなたは「大泉洋の出世作」としてしか知らないのではありませんか。あるいは時々車の後ろにステッカーがついてるの見たことあるよ、っていう程度なんじゃないかと。そしてひょっとすると「ああ、あの……」といって妙な笑いを浮かべてたりしませんか。そういうあなた方。あなた方には第一章をぜひ読んでいただきたい。あの番組は、実はすごく不思議で、いろいろ興味深いことのある番組なんです。というか、私は、そういう人たちに、この番組をちゃんと知ってほしい、と思って書いています。ぜひ。

そして読むのが早い方、苦にならない方はどうぞ。では始めます。

不思議な番組「水曜どうでしょう」

「水曜どうでしょう」は実に不思議な番組である。

北海道テレビ（HTB）のローカル番組なので、そこで生まれ育った人、あるいは移住した人たちは、現在も繰り返し放送されているこの番組を大概よく知っている。だが、私のように人生の大半を東京圏で暮らし、テレビをそれほど熱心に見ない人にとっては、「名前は知っているが、内容はよくわからない」番組である。もちろん、テレビ神奈川や東京MX、テレビ埼玉ではかなり間断なく流しているので学生も名前は知っていて見たことがあることも多く、熱狂的ファンもいる。職場でも、三十～四十代の同僚や職員はよく知っているしファンも多い。大体、今では「どうでしょう班（と出演者二人、制作者二人は呼ばれる）が新作撮影の旅に出た」ことはYahoo! ニュースに出てしまうほどだ。だが五十代半ば以上になると、がくんと知名度は下がる。番組名やそのステッカーを見たことのある人は多いが、全く知らない人もまれではない。先日大学のミニ同窓会で一〇人ほどが集まったとき、私が番組を調べていることから、皆、興味を持ってくれたが、五十代初めから半ば過ぎ、大半が神奈川や東京育ちの友人たちは誰も見たことがなかった。「大泉洋さんの出世番組」ということ位しか知らないことが多いのだ。

その上、失礼ながら、それほど上品な印象はない。特徴的なロゴの番組ステッカーが貼られている黒っぽい車やバイクとの組み合わせも、番組のイラストも、最近でこそ少し変わったものの、「お上品（＝都会的）な番組」という印象は持ちにくい。例えば二〇一七年のキャラバン（イベント）のポスターではチーフディレクターの藤村さんがふんどし姿で描かれているといった調子で、女姉妹で育った私には、番組の中身を知るまでかなり抵抗があった。番組内容も、出演者の大泉さん自身が今や「必要悪」と冗談で言うほど、キー局では到底放送できないシーン（吐くわ、暗闇とはいえトイレ姿……）が時々出てくる。そんな訳で、番組名も知っていたし大泉さんが「パパパパＰＵＦＦＹ」（テレビ朝日一九九七年十月～二〇〇二年三月）に出演したのも見たが、私には長年ハードルが高かった。それが二〇一六年秋に偶然番組を初めてまともに通して見て面白いと思い、心理学者として非常に興味を持つようになった経緯はまえがきに書いたとおりである。

番組の概要

さて、かなりの読者は番組をよく知っているだろうし、ネット検索すれば、熱い藩士が書いた番組紹介は無数に出てくるので、概要なんて書かなくてもいいようなものだ。だが、私が書く話に必要なことはWikipediaと若干違うので、大急ぎで概要を書く。大急ぎの理由は、一度真面目に書いたところ読んでもらった藩士にその部分は飽きられてしまったからである。そりゃそうです。私はよく知っている人に向けてここを書いていません。だから藩士は「そんなの当たり前」とか「ここが足りない」とかマニアックな文句を言わず、巻末の年表でもちらりと眺めたらとっとと二章へ進んでください。

この番組は一九九六年十月九日～二〇〇二年九月二十五日の水曜深夜帯（最初は二四時五〇分～）にＡＮＮ系列の北海道テレビ（ＨＴＢ）で放送されたバラエティである。まず強調したいのは、レギュラー放送はとうに終了している、ということである。ただ、その後も不定期で新作が放送されており、最新作は二〇一三年「初めてのアフリカ」。新作は今もファンに心待ちにされている（なお、本書が出る二〇一九年秋の祭りとライブビューイングで新作の第1夜、第2夜が公開されるとのこと）。とはいえ、北海道ではこの番組は現在に至るまで繰り返しずっと放送されており、「アフリカ」が終わると第一作「サイコロの旅1」に戻る、という具合である。だから道民は水曜日になれば、旧作とはいえ、いつでもテレビで「どうでしょう」が見られる。また、この番組は地方ローカル局に長年番組販売されてきた人気コンテンツで、他の多くの地方でもレギュラー放送の時代から何度も放送されている。例えば東京圏では東京MXやTVK、テレビ埼玉、テレビ千葉と今でも放送されており、私の住む神奈川県ではTVKで終わるとMXで始まるといった調子。その位人気があり、今ではNetflixで海外でも見ることができる。アメリカどころかインドで見ている人もいるらしい。

それならなぜキー局で放送されないか。それは、まえがきに書いたように放送コードに引っかかるから、である。テレビ朝日で営業をしていた友人によれば「キー局どころか準キー局でも放送できない」。別に女性の裸が出てくる訳ではなく、それどころかこの番組では下ネタは制作側の意向で一切出てこない。それでもコンプライアンスがうるさく言われるようになった世界では（そうでなくても、かもしれないが）NGである。

番組はよく「旅モノ」と言われる。最初に有名になった企画「サイコロの旅」はサイコロを振り、出た目に割り振られていた場所に旅に行く、というもの。問題はその場所が大概とんでもなく遠く、

「サイコロ1」では六本木でサイコロを振って深夜バスで松山に行き、またサイコロを振り、今度は鉄道とフェリーで大分県の臼杵に行く、といった調子である。その間宿泊の目が出ない限り、とにかく移動し続ける。出演者は当時大学生だった大泉さん、すでに札幌ではラジオ等で名の売れていた鈴井さん（現在は大泉さんの所属するクリエイティブオフィスキューの会長）、制作者はチーフDの藤村さんと撮影担当Dの嬉野さん。他にも大泉さん以外のTEAM NACSのメンバー（番組にもしばしば登場するHTBのキャラクターonちゃんの着ぐるみに入っていた安田顕さん。それに森崎博之さん、戸次重幸さん、音尾琢真さん）等がいるが、基本はこの四人である。

撮影の旅は、出演者二人を主に嬉野Dがソニーのデジタルカメラを回して撮影した。ただ、初っ端から藤村Dは画面端に若干映り、また声が響いており、第一回の企画の二話目には嬉野Dの姿も映っていて、道内ファンへのインタビューによれば「ディレクターの声が聞こえる」ことは早くから視聴者に評判だったそうである。回が進むにつれ藤村Dはしっかり姿が映るようになり、通常は黒子の制作者がこの番組では最初の企画から存在感がある。この四人は「どうでしょう班」などと呼ばれる。

旅モノとしては大泉さんに全く行き先を告げず、番組冒頭の企画発表に続き、いきなり海外にさえ連れて行ってしまう点も人気である。ローカルらしくない番組を目指そうという意向（月刊CUT二〇一九年二月号）で、オーストラリアやヨーロッパなどにも行った。ただ、旅モノと言いながら主は旅先の風物ではなく、そこで起きる四人の間のやり取りやハプニングである。テレビでよくある筋や台本はほとんどなく、起きることを基本そのまま撮影するのでドキュメンタリーと言われたりもする。大泉さんのエッセイ（二〇一五）には「その場その場の我々が作り出していく「ストーリー」が『どうでしょう』の醍醐味なのだ。」（三三四頁）とあるが、確かにジャズの即興に似たものを感じる。藤村Dは参考にした番組として「ウンナンの気分は上々」（JNN系列）と「電波少年」（AX系列）を挙げている（藤村（二〇一五））。とはいえ、本書冒頭に書いたように料理を作るために開墾から始める「夏野菜」、大泉さんの料理を取り上げた「シェフ大泉　車内でクリスマスパーティ」など、旅モノ以外も少なくない（巻末の図参照）。

番組と番組掲示板

一九九六年秋に始まった番組は次第に大きな評判を得て、放送時間帯も早くなり、東北はじめ、他の地方でも放送されるようになる。番組の企画一覧と視聴率の図を巻末に載せた。どの辺りで制作者が受けているという確信を持ったのかはわからない。だが、視聴率も、「サイコロ2　西日本完全制覇　後編」（一九九七年一月八日）は六・三％、「ヨーロッパ21カ国完全制覇」の最終夜（九七年十一月二十六日）七・〇％と深夜帯としては好調だったようである。

とはいえ、当時の視聴者の感覚では最初の年からとても流行っていた、というほどではないらしい。次のMRさんは「第一回水曜どうでしょうカルトクイズ世界大会」（九八年二月）に出た道内ファンだが、見始めた時には一部で流行り始めた程度だそう。普及論でいえば革新者か初期採用者が注目し始

その場で作られる料理

めたというところだろうか。

――いつファンになりました？

ファンになったのは、番組開始の一年目のときで。ヨーロッパ一回目〔注：「ヨーロッパ21カ国完全制覇」（一九九七）〕の第一話のときからちゃんと見始めたんです。

――それまでは、うわさを聞いてたとかそういう感じなんですか。

そうです。部活内ではやってて。

――なんの部活ですか。ちなみにこれは、高校生ですか。

高一です。

――そう。部活はなんだったんですか。

放送外局に入ってたんです。

――え？　放送部みたいなやつ

放送部みたいな感じです。放送外局って言って。外に放送局の局って書くんですけど、位置付け的には部活と委員会の間。

――なるほど。お仕事もちょっとするみたいな感じですね。

そうです。校内放送とかやるっていう感じです。

――それで話題になったんですか。

その中で、先輩とか同級生が好きだって言ってて、一回、212〔注：「北海道212市町村カントリーサインの旅」（一九九七）〕かなんかでちらって見たんですけど、そのときは全然、はまらなくて。

——どこで見たんですか。一回。友だちのうち?

いえ。自分ちで、「面白いから見なよ」って言われて見たんですけど。多分、車の中の風景だったから、212だったんじゃないかなと思うんですよね。

——はい。そのときははまらなかったんですね。

そのときは、はまらなかったです。

——先輩とか同級生はどういうふうに言ってたんですか。

いや、なんて言ってたかな。面白いってとにかく言ってて。その当時、その面白いって言ってた人たちが、有名なものよりもインディーズのアーティストとかあまり有名じゃないもののほうが好きって言ってる人たちが周りにいっぱいいいたんですよね。だから、「そんなに話題にはなってないけど面白いもの知ってるよ」、っていう感じで。

——なるほど。割とレアなものですね。へえー、高校生。そうか、じゃあそのときは爆発的にすごく面白いよっていう感じではなかったんですね。その一年目のときは。

北海道内でですか。

——はい。MRさんの周りとかも。

そうです。その部活以外では話聞いたことなかったんですよね。その番組があることも知らなくって。全然メジャーじゃなかったと思います。

——それで、一回目ははまらなかったんですが、ヨーロッパの辺りからちゃんと見始めて、それで面白いと。

そうです。

——見始めたのは、なんか理由があるんですか。もう一度。最初のときはあんまり面白くなかったんでしょ。

多分、その周りがずっと面白いって言ってたんで。一回、「いや、そんなに」って言ったんだけど、「もう一回見てみなよ」って言われたんだと思うんですよね。

――それで、ちゃんと見始めてどうだったんですか。

ちゃんと見始めて、ヨーロッパの最初のときってプーが出てきたんですよね。

――え、何が？

プーさん。

――プーさん出てきますね。

あの辺で、多分、ディズニーの話があったので入りやすくって、ミスターがプーさんの物まねしてたのもかわいいってなって。多分、そういうのが入り込みやすいきっかけだったのかなっていう。

（ＭＲさん＠札幌市、三十代女性）

このように「カントリーサイン」（九七年八月）の頃はまだそれほど知られていたわけではなさそうで、「カルトクイズ世界大会」（九八年二月）に出た時も彼女の感覚としては番組がものすごく人気だったというわけではない、と言っている（第六章）。とはいえカルトクイズの次の企画「東京2泊3日70ｋｍ」（九八年三月）には雑誌の取材も同行しているくらいだから、はっきり話題になり始めていたのだろう。視聴率のグラフも、九八年春頃から明らかに上り調子になる。最高視聴率は「ヨーロッパ・リベンジ」の第八夜（九九年十二月八日）の一八・六％。九九年八月には初めての道外放送（ＡＡＢ秋田朝日放送）が始まり、十月には宮城（ＫＨＢ東日本放送）、栃木（ＧＹＴとちぎテレビ）が続くが、これも局の人が面白さを認めて始まったそうで（「カツヤマサヒコＳＨＯＷ」二〇一五年一二月五日サンテレビ放送）、この辺から比較的多くの人（初期多数採用者）が認知するようになったのだろう。

視聴者との関係という点から見ると、企画の当たり年九九年には「東北2泊3日生き地獄ツアー」（九九年二月）というファンとのツアー企画を実施している。視聴者とのツアーというのもテレビとしては割合珍しかったのではないかと思われるが、企画自体は土井プロデューサーの発案だそうである（イベント「どうでしょう全集1」より）。とはいえ藤村さんは初期の頃から視聴者の意見を大事にしていたようで、時々あるグッズなどのプレゼントは視聴者からのハガキをもらうためだったとのこと。「言葉が欲しかった」と藤村さんは言っており、番組制作の参考で必要としたようだが、これものちに掲示板の設置につながった一因らしい。とはいえ、この時期は視聴者からのハガキをもらうだけで、もちろん双方向だったわけではない。ただ「カルトクイズ」の頃の話を聞いても、制作者たち、特に藤村さんは当時から何やら人気があったようである（本書第六章 一九三頁）。

番組は翌年二〇〇〇年三月にゴールデンタイムの「30時間テレビの裏側全部見せます！」で視聴率二〇％を狙った。だが結局届かず、藤村Ｄはこのあたり以降、視聴率ではなく特定の視聴者（「お客さん」）にコンスタントに見てもらうことを狙うようになった、とネットで書いている。なお、大泉さんはこの番組で道内の知名度が上がり、九九年からは「パパパパＰＵＦＦＹ」（テレビ朝日）に不定期出演しており、道内の視聴では「ニュースステーション」→「パパパパＰＵＦＦＹ」→「どうでしょう」、という流れができていたそうである（本書第三章）。

さて、番組的に重要なことは沢山あるが（例えば鈴井さんの訪韓のため番組が一時休止したなど）、先を急ごう。レギュラー放送時に関して本書でどうしても触れておかなければいけない事が三つある。一つは、この番組が二〇〇〇年五月に番組のウェブサイトを作り、その中の「日記」や掲示板を通して視聴者と頻繁に双方向のやり取りを始めたことである。番組ウェブサイトの設置は局の誰かに教えられたそうで特に意図的ではないようだが、番組のみならずこの日記や掲示板も大きな評判を呼んだ。日本では阪神淡路大震災のあった一九九五年が「インターネット元年」で、二〇〇〇年頃はようやく電子掲示板が出始めた時期である。若い読者には想像もつかないだろうが、当時のネットは今とは全く違っていた。アクセスしてただ読むだけ。それもブロードバンド以前のダイアルアップ回線では読み込みさえ時間がかかり、冗談ではなく「ピー、ヒョロヒョロヒョロ」というダイアルアップの音を聞きながら腕組みして待った位である。日本語で読めるものも限られていた。もちろん直接書き込みなどできず、書き込まれたものを管理者が手作業でネットにアップロードしていたので、たとえサイトがあってもほとんど更新されなかった。

そんな時代にできたのだから、「どうでしょう」の番組ＨＰ開始は非常に早い。そしてもっと驚くのは、二人のＤがいきなりマメに日記を更新し、掲示板では視聴者からの投稿をアップしコメントをつけることを始めたことである。当時短大の情報社会学科で教員をしていた私は学生から噂を聞いて日記や掲示板を読んだが、中身の濃さと面白さに驚いた記憶がある。

なぜそんなにネットでマメに視聴者とやり取りしたのか、私にとっては当初から不思議だった。

「毎日更新する」は後述するように「ほぼ日刊イトイ新聞」（一九九八年六月六日創刊）を真似たとのこと。しかしなぜ直接やり取りを始めたのかは依然不思議である。主に掲示板を担当していた嬉野さんに面識ができてから何回か聞いてみたが納得する答えはもらえなかった。ただその後二年以上この二人の制作者を見ていて、ご自身たちも時々言うように（例えば藤村・嬉野（二〇一九）、一六〇頁）、結局この人たちは根っから人とコミュニケーションをするのが好きだったんだろう、と思った。そしてこれまた二人ともよく口にするように、番組もまたコミュニケーションの形の一つだったように思う。

第二は二〇〇一年十二月から impress TV で番組を配信したことである（Internet Watch（二〇〇一））。最初に放送されたのは、すでに放送済みだった「ユーコン川160キロ」で、無料配信された。後述の埼玉のMMさん（第五章　一六〇頁）のように道外でこれを見た人も少なからずいるようである。impress TV は二〇〇〇年十一月十五日に開局、二〇〇八年九月に終了したが、他にも「ドラバラ鈴井の巣」「おにぎりあたためますか」が放送されている。ただ、MMさんの記憶によると、テレビ局のコンテンツで流されたのはHTBのものだけで、他は impress TV のオリジナルコンテンツだったらしい。今（二〇一九年）を去ること一八年前。二〇〇一年は地上波テレビの決算が過去最高益（三月期）だった位で、この時期まだテレビ局はネット配信を歯牙にもかけていなかっただろう。その意味では番組HP設置と番組掲示板での活発なコミュニケーション同様に、テレビ局としては異例なほどネット利用の取り組みが早かった。ネットを使うことで地域を超えたこの配信もまた通常のテレビ放送以外で道外のファンを増やす要因になった。

ただ、このネット配信への積極的な取り組みは一概にHTB側の動きによるものではない可能性もある。横道に逸れるが、二〇一七年九月十八日の茨城のキャラバン（茨城那珂総合公園）にはニコニコ生放送のライブ配信チームが来ていたため、無謀にも「お話を伺えませんか」と聞いたところ、快く応じてくれた。そこで何故キャラバンで配信したり、HTBがニコニコ動画でチャンネルを持つようになったか等を伺った。㈱ドワンゴのAさんによると、アプローチはHTB側ではなく、ドワンゴ側からだそうである。その際、藤村さんご自身にたどりつくのにちょっと苦労したらしい。Aさんのお話によると「水曜どうでしょう」はネット配信に向いているとのこと。それはもちろんすでに熱心なファンコミュニティが存在していたことが一因だが、加えてもともと番組自体がネットと相性が良いそうである。その理由は、ネットの番組では視聴者がコメントできることが大事なので、キー局のドラマのように「出来上がった完成品」であるものよりも「チープで」突っ込める余地がある方が良く、その点「水曜どうでしょう」は向いていると判断されたらしい。Aさんは例として、段ボールの家具を使うなどしたドラマ「勇者ヨシヒコ」（テレビ東京系、二〇一七年にシリーズ完結）の成功を挙げてくれた。このチープさや突っ込める余地、というのは後述する「水曜どうでしょう」の日常性や水平性に通ずるものである。

私はこの番組のネット利用の早さはHTBという局や藤村Dという人が新しいメディアを使うことやネットでの取り組みに積極的だったことによると考えていた。だが、ニコ動との関係がドワンゴ側からのアプローチだったことを考えると、むしろネットメディア側が「水曜どうでしょう」に目をつけて、積極的にアプローチした面がかなりありそうである。impress TVもそんな一例だったのかもしれない。もちろんそれを受け入れる余地が局側にあったことも確かだが。

第三に重要なことは、二〇〇二年、依然視聴率は低くはなかったものの、レギュラー放送を終了し、過去の企画のDVD化に専念する体制に移行したことである。これは藤村さんから直接「われわれ制作者の意思」と聞いたが、過去に撮影したものを再度すべて編集し直すためにレギュラー放送を止めた。「DVDという新しい媒体が存在し、それならテレビ番組の宿命である番組の長さ（尺）を気にせず作れ、頭出しもできるし、ほかの物も入れられる、と局の人に聞いたから」と藤村さんは副音声で語っている。なお局の人とは、どうやら前社長の樋泉実氏らしい。樋泉氏は東京支社で藤村さんの上司だったそうである（道新りんご新聞、二〇一八年十一月二十日号）。同時に、別のトークショーで嬉野さんが語ったことによると、編集をしながら毎週放送する体制が時間的に限界に来ていた面もあったようである。以降十五年かけ、二〇一七年の秋までに、レギュラー放送で放送された全企画をDVD化した。そしてこのテレビのレギュラー放送からDVDへの移行がファンコミュニティ形成にとって非常に重要だった、というのが私の主張の一つである。

なおDVD編集作業へ移行する決断ができたベースにも掲示板に基づく「読み」があったらしい。イベント（「どうでしょう全集1」二〇一八年十二月）での嬉野さんの話では「掲示板でのやり取りを見ていると、二万本は売れると思った」。DVD一本につき二万本売れれば売り上げは約九千万円。実際にはもっと売れたようだし、オリコンによれば最近のDVDでも大体一本あたり最初の週で五万本以上はコンスタントに売れているようである。「札幌市民（注：約二〇〇万人）の視聴率とそれに対する売り上げを考えると、ＤＶＤを売るようになってむしろ気が楽になった」というのも前述のイベントでの二人のセリフである。

レギュラー放送時の社会背景

ところで巻末の年表を作ってもう一つ気づいたことがある。それは、レギュラー放送時、日本も北海道も、第二次及び第三次平成不況と名付けられた恐ろしく景気の悪い時期だったということである。北海道の完全失業率はレギュラー放送の間徐々に上がり、レギュラー放送終了直後の二〇〇三年に六・七％とピークを迎える。それもそのはずで、「北海道年鑑」や「読売年鑑」でこの時期のニュースを見ると、拓銀経営破綻（一九九七年）、同じ年に全国ニュースでは山一證券の廃業。Air Do（北海道国際航空）の就航（一九九八年）は良いニュースだが、二〇〇〇年には早くも「苦戦」。同年には有珠山の噴火（三月）、雪印乳業集団食中毒事件（六月）。私の専門関係では二〇〇一年にＢＳＥの国内初の感染が判明しているが、この牛は佐呂間町と猿払村産である。大泉さんも「もし、超バブルの売り手市場で、いい職がたくさんあるっていう時代だったら悩んだでしょうね」「ちゃんと就職するために、大学卒業の時に『社長、僕やめます』って言ってたかもしれない。」（月刊ＣＵＴ二〇一九年二月号、二五頁）と語っている。「どうでしょう」の中心視聴者は大学生や二十～三十四歳の若い世代だった。不景気が番組にそれほど直接的に影響しているとは言わないが、ただあの呑気で平和で愉しい番組が放送されていたのがバブル期ではなく経済不況時だったことは、番組の作られ方や受け取られ方に恐らく関係しているだろう。

なおこの時期は日本社会にとって様々な分水嶺でもあった。ご存知のように一九九〇年代前半まで日本では終身雇用を前提とした正社員雇用が行われてきたが、前述の平成不況以降、国際競争力を高めるために非正規雇用が増えた。非正規雇用では所得が抑制される傾向にある。量的調査をしていないので実際どの程度の割合かは不明だが、インタビュー対象者には少なからず非正規雇用の方がいた。クライシスがコアなファンになる契機になったケースは多いが、リストラやバーンアウト、パワハラなど、雇用の不安定さが原因だったこともかなりあった。またこの時期、専業主婦世帯と共働き世帯の割合が拮抗し、九七年頃から共働きが上回る。これはまさに嬉野Dが番組掲示板で「奥さん」と視聴者に呼び掛けていた時期だと思うとちょっと感慨深い。さらに加えて社会変化と関連して、この頃が日本のテレビ番組が質的に変化した時期という可能性もある。ただそれは私の手に余るので本書では触れない。

ビジネスとしての番組の大成功

さて、レギュラー放送後、番組は何度かファンイベントを行っている。小さいものは措くとして、札幌の真駒内競技場では約一万八〇〇〇人を集めるイベントを二度にわたって行った（ＵＮＩＴＥ２００５、ＵＮＩＴＥ２０１３。後者は三日間）。これらは道外からも多くのファンが参加し、地域経済にも大きなインパクトがあった。その後二〇一一年からはむしろ人数を縮小して一地域二〇〇〇人程度のイベント「キャラバン」を毎年複数の地域で行っている（二〇一八年は十二地域）。ただし、このイベントには出演者は参加しておらず両Dだけであり、最初は「車座で呑むだけで良い」というものだったそうだが、徐々に写真撮影と握手、HTBやディレクターのグッズ販売、タダでも演奏を、とついてきたアーティスト（打首獄門同好会、黒色すみれ、二〇一七年からDEPAPEPE）の演奏、運動会などが行われ、ファンにとってはボランティア参加もする、コミュニティの重要な交流の場になっている。

キャラバンで見ていて特に面白かったのは「大安産祈願」である。キャラバンの出し物の一つで、時折実施しているらしい。まずトラック上のステージに妊婦さんが上がる。二人のディレクターは彼女と挨拶を交わした後、両側から彼女の大きなお腹に手を当てる。そして嬉野さんが「せーの、『だい・あん・ざん！』」とエコーをつけて掛け声をかけるというものである。実にバカバカしい感じの出し物で、文字で書くと「?!」だが、現場で見ると嬉野さんの掛け声がとぼけて面白く、私はすっかり気に入ってしまった。大きな会場だからか、結構な数の妊婦さんを見ることになるが、彼女らは無事に子供を産むと後日お礼に来たりするそうである。それにしても、テレビのディレクターがなぜ安産祈願？　その笑えるバカバカしさ。この出し物を最初に考え出したのは藤村さんだそうだが、確かに面白い出し物ではある。……しかし、私は随分後になって、この企画の隠れた意味に不意に気づいた。その話は第七章でしたい。

そして。最後に大いに強調しておかなければいけないのは番組のビジネスとしての大成功である。

現在は、すでに放送済みで原価償却された番組の地方局や海外なども含めた番組販売、DVD販売、グッズ販売が主な収入である。すでに書いたようにオリコンによれば新作DVDは毎回発売一週目で約五万枚の売り上げがありそれだけで約二億円。藤村Dは時々話を盛ることがあるが、もしテレビで語ったこと（「カッヤマサヒコSHOW」二〇一五年十二月五日サンテレビ放送）を信じるなら、DVD一枚あたり約一〇万枚、一枚約四〇〇〇円で累積四〇〇万本、一六〇億円。他のニュース（鈴木（二〇一八））でも「年間約二〇億の売上増、一〇億円の営業利益」と言われる。とすれば、小さいローカル局一局分くらいの年間売り上げを上げていることになる。確かにキー局の番組の売り上げとは桁が違うかもしれない。しかし過去約十五年にわたってこれだけコンスタントに売り上げを上げてきたことは、テレビ業界の中では特異的成功と言ってもいいのではないか。そして、この成功はもちろんロイヤルティの高いファンたちがこの番組を支持し続けてきたことによる。同時に、この成功は従来型のテレビ局でのビジネスモデル、すなわち視聴率を上げることによる広告収入の増加とは根本的に違っている点は注目すべきである。その意味では番組がビジネスとして成功していることは間違いないが、テレビ番組としての（通常型の）成功かというと、必ずしもそうではないこともこの番組を考える上では重要である。

熱烈なファン「藩士」

さて、ではいよいよ藩士に目を向けてみよう。番組のファンは実に熱烈である。二人のディレクターは日本のあちこちへイベントに出かけるが、それらにあわせて熱烈なファンは全国を追いかけ、キャラバンではボランティアで設営や販売の手伝いをする。それ以外にも札幌に行って番組に出てくるHTB旧社屋の隣の「聖地」平岸高台公園やその他の撮影地を訪問したり、番組の大食い対決で出てくるずんだ餅や赤福、白くま（アイスクリーム）を買ったりする。

DVDを毎日見ている人も少なくない。知人（@神奈川、五十代女性）は、食事のたび毎回番組を家族で見ているそうである。実際知り合いになって一年半、SNSを見ていると彼女の家では相変わらず食事毎に見ている。例外的かと思いきや、その話を別の方（@神奈川、四十代女性）にしたところ、「あら、うちもそうよ」。そのお宅では、仕事を終え夕方に帰宅したら、まず「どうでしょう」を見るそうである。見てその日のストレスが解消できたらそれから夕飯の支度にかかるらしい。お嬢さんも同様とのこと。

「毎日」は比喩ではなく事実で、しかも一人二人ではなかった。こんなに毎日見られている番組も稀だろう。このことは番組を理解するうえで非常に重要だった。

彼らはDVD発売時にローソンで売られる「一番くじ」（はずれなし、一本六二〇円前後）を、ラストワン賞（残り一本の賞）を狙って箱買いしたりする。インタビューから拾おう。

――DVDは？

二七枚全部あります。

――さすが。でも決して安くないですよね?

あの、それこそ私、ちゃんと予約して買い始めたのが六枚目からなんですよ。なんで、手前五枚をちょっとずつ買ってて、六枚目の発売を待った、みたいな感じなんです。そこからだと一年に何枚かなので、高いっていう感覚はないというか。一年に一回の時もありましたし、大体半年に一回です。だから、後からファンになってまとめて買おうと思うとすごく大変だろうな、って思うんです。

(SWさん@新潟県、四十代女性)

SWさんは独身でご実家にいるとはいえ、お仕事はパートを二つ掛け持ちされている。DVD一枚四二九八円。「藤やんとうれしー」の会費月一〇〇〇円。決して負担は軽くはない。しかしこの方は第三章にも再登場するが、DVDが発売になると「討ち入り」(発売日の夜中の零時にローソンに行って予約していたDVDを引き取ること)さえしていた。ただ、お目にかかった感じは全然熱狂的ではなく、穏やかでかわいい感じの女性である。

次のITさん(男性)は道内の方で、小学校教諭だがインタビュー当時組合に出向していた。どちらかというと番組というよりディレクターのファンなんじゃないか、とおっしゃる。でも何を持っているか尋ねるとこんな感じである。

DVDは途中まで全部持っていました。どこまで買ったかなあ、ユーコンまで買ったかなあ? 違うかなあ? 結構手前まで来てますよね。最近まで買ってました。十五枚以上はあると思います。

――それは発売になると予約して買う？

稚内というか、ここ宗谷管内はローソンがないんですよ。留萌ってところまで二時間位かかるんですが、二時間半位行かないとローソンがない。だからいわゆる「討ち入り」ができない。そうなってくると東急ハンズで買うか（――ハンズでも売ってるんですね？）ハンズ売ってますね、札幌行かなきゃないですけど。あとは高速道路のSAで売ってるんで。

――え、うそ⁉

札幌と旭川の間に砂川SAというのがあってそこで売ってるんですよ。だから私的にはそこが一番近くて寄りやすいので、そこ寄ったときに買う、というのがあります。だから出たら高速の通りすがりに買う、っていう感じです。

――基本的には出たから買う、っていう感じなんですね

そうです。

――グッズは何かお持ちですか？

最近あまり買ってないけど、藤やんマークの机の上に置くような小旗とか、水曜天幕団〔注：番組がミスターさんの渡韓で半年休みだった時に行われた大泉さん主演、嬉野D原作、藤村D演出の時代劇の芝居〕のイベントが好きだったんですよね。だから天幕団グッズは幾つか持ってたりしますね。

――水曜天幕団はいらしたんですね？

二回行きました。最初の方の回と最後の方の回に行った気がします。

（ITさん@稚内市、三十代男性）

次のMTさん（男性）もぱっと見は、むしろクール。情報系のカスタマーサポートサービスの仕事をされていて、番組は第二回から見ていたそうである。

DVDは全部持ってます。グッズは実用的なものしか基本買ってないです。最近だと扇子とか。それは保存用と使う用で二つずつ買ったりとか。あと料理とかで使えるものだから、厚手の前掛けとかも買ったし、手帳やカレンダーはほぼ毎年買ってます。マスキングテープとかは男性は使わないので（笑）。フィギュアは全部買ってます。つまみ食いはせず箱買いです。くじは自分の中でルールを決めていて、ダブらなかったら全てが揃う数しか引かないようにしています。例えばAからHまで八賞で十六種類とか十七種類出てくるはずなので、ダブらなければ十七回引けば出るはずなので。それ以上やると際限なくなっちゃうから。

――それってどーんと一度に引くんですか？

はい、「十七枚引かせてください」って言って。六〇〇〇円だか七〇〇〇円だかを渡して。〔注：時により少し異なるが一枚六二〇円なら一万五四〇円〕。ボードゲーム〔注：トップ賞〕が外れたのはこのあいだが初めてで。それまではボードゲーム全部持ってます。「笑い袋」〔ラストワン賞〕は狙ってたんですけど、やっぱり家の近くだと買い占めちゃう人がいるので。なので、名古屋の外れの方のローソンに何年か前に最初の一番くじがまだあって「藤やん犬」が出てて。「あと何回引けばいいんですか」って言ったら三回って言われて。そりゃ引くでしょって（笑）。（中略）イベントは、祭り〔注：UNITE2005と2013〕は両方行っていて、小祭〔注：二〇一四年渋谷PARCOで開催〕も行ってます。〔レギュラー放送の〕最終回も、それに合わせて帰省しました。したらものの見事に外れてやられました〔注：最終回は、編集の結果予定していた回では終わらず、もう一回拡大版をやってようやく終わった。このため最終回に合わせてわざわざ道内に入ったファンは肩透かしを食った〕。キャラバンは肘折〔注：山形県の肘折温泉。毎年キャラバンが開催される〕だけは毎年行きます。

（MTさん@埼玉県（北海道出身）、四十代男性）

グッズをたくさん買うので専用の収納場所があるという人もいた（TNさん@静岡県、四十代女性）。次の方も北海道出身の女性。出産で里帰りして番組にひとめぼれしたという。

――ファンになったのはお子さんを産みに網走に里帰りされた時だそうですが？

一九九九年の一月の、多分後半だと思います。「東北生き地獄ツアー」。その前も何かで見ていたかもしれませんが……「これは！」と思ったのは。

――それまでは見たかもしれないけど？

見たかもしれないのは出産で帰っていた時なので、その一週前か二週前です。記憶があやふやなところがありますが、里帰りから帰る前に、とにかく二つすごいと思ったのがあって。一つは大泉さんの土井善晴のモノマネ、もう一つが「腹を割って話そう」で、同じ週じゃなかったように思うんですけど……「腹を割って話そう」の時にはまっていました。二月には自宅〔神奈川〕に帰ることが決まっていたので、その時の最後に見たのが「試験〔に出るどうでしょう〕」のドロップキックです。「これを見られないのか」と思って妹に録画用のビデオテープを託したんですけど。でも半年で一本しか撮ってなくて、「お前は！」

と思って毎週電話することにしました（笑）。〔でも〕半年経って夏に一本だけ〔録画が〕入っていたという状態で、その間は神奈川にいたんで見てないです。私、従姉妹がいるんですけど、従姉妹も「水曜どうでしょう」好きだったので、〔二〇〇〇年夏に〕たぶんリターンズ〔注：再放送〕の「原付西日本〔制覇〕」を従姉妹の友達がダビングしてくれたというのを貸してくれたんです。で、原付西日本を命綱みたいに繰り返し見ていたんですけど。（中略）

――それで、その後新しいものを見られるようになったのはいつですか？

うちの妹が録画一本しかできなかったことがわかった時、大量のビデオテープを買って「これを毎週入れ替えてくれ」と。使っていなかったビデオデッキを使わせてもらって、その時は「どうでしょう」〔の本放送〕とリターンズを時間指定で標準と三〇分録画で入れておいて。で、「電話したら取り替えてくれ」って。で、最初は二週に一回電話していました。二時間なので、その時は年に二回帰っていたので、それを回収するのが二月位で。それを見直した時に甲子園とかの中継で録画できてない回があることに気づいて、それから一番組につき一時間にして、毎週電話するようになりました。（中略）ＤＶＤは、もちろん最初からずっと予約して買ってます。ベトナムからしばらくは二枚ずつ買ってました。保存用と、鑑賞用と。とにかくなくなったら終わりだと思っていたので。そのうち、いつでも買えることがわかってから二枚ずつ買わなくなったんですが。

（ＮＫさん＠神奈川県（北海道出身）、四十代女性）

次のＮＩさんは放送のなかった大分県のファンの方（ファン歴十一年）だが、ＤＶＤを買いに行く時には真夜中に行っていたそうである。

今はそんなにないんですけど、前の会社とかは休みをもらえていたので、「どうでしょう」が発売した次の日は必ず有給もらって十二時（注：深夜〇時）に受け取りに行って、水曜日の。で、夜通し見てました。その日の十二時位にローソンに行くと、何人かいるんですよね。で、笑っちゃったのが十二時を越えたな、って確認をしてからみんなレジに行くんですよ。十一時五〇分位とか絶対商品は届いてるのに。なんかもう「どうでしょう」だなあ、って思って（笑）。

――「どうでしょう」だな、っていうのはそれは何？

誰も見てないところのバカさというか。発売日が何日の夜中十二時ですよって言われて、コンビニには十一時五〇分とか四五分には着いていているのに、十二時にならないとレジに受け取りに行かないというのが何人かいて。

――やっぱりそういうものですか？

「……仲間だなあ」って思いました（笑）。

――貴女もそうなの？

そうですね、十二時越えて何人か受け取っている人を見送ってから行きます。

――そうなんですか。その辺が真面目ってことかな、って思ってるんですけど……。

「どうでしょう」のバカ正直さ、というか。なんか、「お前らそこまでするかよ」って藤やんに笑われたい、というか（笑）。

（N I さん＠大分県、三十代女性）

とにかく主に分別盛り（？）の三十～四十代がこんな熱狂的藩士をしているのである。

北海道物産展にて

そんな藩士達にまとめて会ったのは、静岡の松坂屋で開かれた二〇一七年五月の北海道物産展である。十二時からのトークショーの整理券配布が九時だというので朝ホテルでのんびりしていたら、七時半過ぎに知人から「もう松坂屋をぐるり取り囲むくらい人が並んでるらしいですよ！」と連絡が入り、あわてて並んで三〇〇人以内に滑り込んだ。隣りの地元の若いお兄ちゃん（介護士・二十歳）はなぜかすぐ話しかけてきて、大して話しやすそうな見かけでもない私に、グッズを全部持ってきたとか、「どうでしょう」のまねをロケ地でしたとか、そんな話をずっと憑かれたようにし続けてくれた。その後の松坂屋は、番組関係のＴシャツを着たり、グッズや番組のバッジをカバンにつけたり、藩士度の高い人たちがＨＴＢの黄色い大袋を持ってウロウロ歩いていたのである。

もう一つ印象的だったこと。着ぐるみのｏｎちゃんが開店直前、ロープでフロアを区切って三列に整理されたサイン会を待つ列前に連れられて来た。すると一斉に皆写真を撮ったが、その後、前列、続いて二列目が、後ろの人や子供連れが写真を撮れるよう黙ってしゃがんでいったのだ。ただなんとなく一斉に。「どうでしょう」のファンは真面目、というのがＵＮＩＴＥのスタッフの感想にあったが「なるほどこれか」とその時思った。そしてその後も、赤ん坊や子供に場所を譲ったりするのはご

主役（しゅやく）の物産（ぶっさん）あとまわし

く普通だということがわかった。

この番組にはそんなディープなファンがいる。ディレクターの二人が全国あちこち（北海道から九州まで）で講演やトークショーをすると、なぜか毎回会う人がいる。彼らはイベントに合わせて全国に行くのである。主要都市だけならまだしも、山形県の肘折温泉、大分県の竹田、岩手県の女川など、決して行きやすくないところにも行く（と言っても私もかなり追いかけたのだから人のことは言えないが）。レギュラー放送の最初の頃から、二十年以上ファンをやっている人も少なからずいる。

さて、ということで大体紹介は終わったので、本題に入ろう。なぜコアなファンとファンコミュニティができたのか。

図１　松坂屋静岡店の北海道物産展にて①

松坂屋に「藩士」がいたため、物産展では番組に関わる言葉（名言）があちこちで頻繁に上手に使われていて好評だった。例えばTwitterによれば松坂屋で藩士（ファン）の誘導等をするグループは「藩士誘導対策本部」、略して「藩導対」。こういう言葉遊びが好きなのも、この番組のファンの特徴である。

おおよそ本書前半は番組の側から、後半はファンの側からの話をしていくことになるが、まずは媒体の面から始めたい。

図 2　松坂屋静岡店の北海道物産展にて②
物産展に展示されていた「四国八十八ヵ所」のパネルの前で記念写真を撮るファン。

第二章　メディアと「藩士」その1——テレビのレギュラー放送からDVDへ

ファンの共通点

イベントに出ているうち次第に藩士と仲良くなったが、なにゆえこういうロイヤルティの高いコミュニティができたのか、最初は皆目見当がつかなかった。インタビュー項目（巻末付表）を見れば、いかに様子がわからなかったがわかっていただけるだろう。特定の人、例えば大泉さんにものすごく入れ込んでいるのか、とも思ったが、もちろん大泉さんやTEAM NACSのファンは多いものの、それで説明できる訳でもなさそうだった。全般には、私よりは圧倒的にテレビをよく見ており芸能界にも一定の興味がある（といっても、テレビをひたすら見ているわけでもない）。印象だけで特徴を挙げると、もちろん旅好き。特に鉄道ファンや車やバイク好きは多い。落語好きも多い。職業では医療関係者、特に看護師や介護士はかなり多い。ただ、これはもともと三交代制で働くために深夜番組を視聴しやすいのと仕事がきついためバーンアウトのようなクライシスになりやすいことが関係しているようである。イラストレーターや漫画家の方も多い。このため番組はビジュアルな魅力が非常に強いのかと思っていたが、どちらかというと居職で、仕事をしながら番組を**ながら**見することが可能、という視聴の状況要因と、理屈や言語より感覚優位であることが強く影響しているように思う。人見知りや、真面目な人は多い。パーソナリティ上の共通点の話は後にすることにして、最終的にかなり多くの人の語った共通項で、注目したのは次の二つである。

Ⅰ「最初はよくわからなかったが、何回も見ているうちに急にはまった」そして「日常的に何度も繰り返し見ている」。

Ⅱ「過去にクライシスに遭った人が多い」。

Ⅱは、事前にもそうなのかも、と思っていたが、実際インタビューや参与観察をしているうち、こういう人が本当に多いという実感を持った。まずはⅠ「何回も見ているうちに急にはまった」と「何度も繰り返し見ている」についての検討から始める。この話は、実は媒体だけでなく、番組のコンテンツの魅力とも関係している。

何度も見ないとわからない

まずⅠに当てはまる証言をいくつかインタビューから見てみよう。

――いつから番組が好きになったんですか？

はっきりした日にちはわからないんですけど、多分二〇〇三年くらいには好きになっていたと思うんですよね。新潟でリターンズの放送が始まっていたので。深夜に何回かやっているのを見たことはあったんですけど、その時はあまり面白いと思わなかったんですよね。で、さっき言ったように妹弟たちが、マレーシアのブンブンの話をしてて、それでなんかすごく面白いっていうのを聞いたから、あら私見たけどそんなに面白くなかったよなあ、と思って。ちょっと経ってから見直してみてもやっぱり面白くなくて。またしばらく経って見たのが〔企画の〕「〔東北2泊3日〕生き地獄ツアー」で、「腹を割って話そう〔第四夜〕」を見て「この番組面白いな」ってなって。そこからは毎週見るようになりました。

――何か生活上のきっかけがあったんですか？

もともと漠然と深夜に見てた、っていう。仕事が当時夜遅かったので、帰ってテレビをつけると、あの、夕方からの仕事に行っていたので、帰ってくると十一時半とか十二時になっていて、とりあえず帰ってきてテレビつけたらやっていたというのがあって。最初はそれだと思います。その時は飲食業の、食堂なんですけど、夜に宴会なんかをやるような。

（ＳＷさん＠新潟県、四十代女性）

もう一人ＭＫさん（三十代女性）。この人は同僚に勧められて見始めた。

――ファンになったきっかけは？

十二年前、二〇〇五年ぐらいの時、ちょうど派遣社員やってた時に、隣の席の先輩がデスクに藤やん犬のマグネットを貼ってたんですよ（笑）。あと使ってたマウスパッドが「どうでしょう」のカブのやつだったんですよ。「それが面白いんだよ～」っていう風におっしゃってくださって。で、たまたま見たんですけど、その時は全然はまらなかったんですよ。多分「サイコロ」だと思います。サイコロの途中だったんだと思うんですけど。

——途中っていうのは「サイコロ1」の途中？

って事ではなく、どこか途中の場所でサイコロを振ろうとしてて、若干内輪揉めが起きてるみたいなところだったと思います。要するに前後関係がわからなかったので、何が面白いのか全然わからなかったんです。でもその先輩がコンスタントに「「どうでしょう」今面白い時だ」とか、そういう会話をチラチラ挟んでくる人で。当時TVKだと思うんですけど、気になって、それを言われてて……

でもその先輩はある程度趣味嗜好については信用できる人だったので、そんなに面白いのかと思ってなんとなくチラチラ見てたんですよね。そしたら一番これは面白かったな、と思い出したのがアラスカの料理のくだりで、ドーム型パスタ〔注：大泉さんがパスタを茹でて放置した結果、フライパンの上にパスタがこんもり盛り上がることになった〕を見た時にそれはさすがに笑ったんですよ。

アラスカってその後何回も料理やるじゃないですか。で毎回毎回必ず揉めるじゃないですか。で、これは面白いかも、と思って「どうでしょう」面白いってことはある程度認識したんです。だけどそこですごいハマったからDVD買わなきゃ、とかそういうはまり方は全然してなくて、なんとなく、何曜日の何時か忘れましたけれども、その時間には「どうでしょう」やってるんだな、と思ってテレビをつけてみる。見忘れちゃうこともあるけど、なんとなく見てるみたいな感じでじわじわファンになりました。

——そうするとテレビで見てたんですか？

人の数だけツボがある

そうです。私は完全にテレビです〔注：しかし、彼女は後で、二〜三時間集中して見た経験を語っている（第五章）ので、必ずしも通常のテレビの視聴だけではないようである〕。東京MXと一応千葉テレビでもやってるのかな。ここだとTVK見られないんですよ。エリアによって見られるところもあるらしいんですけど。なんかそっからじわじわじわじわ、なんとなく面白いテレビだなっていうのを認識してて。東京MXなりTVKなりそういう所でやってるのを見てて、それで十分満足してたんです。でもなんで今こんなに好きになってんのか、その経過が思い出せない。でもそこからなんとなくDVDも買うようになり始めたら、どんどん毎回買うようになってきました。これぞ思う壺だな、と思いながら買ってます（笑）。

（MKさん@千葉県、三十代女性）

もう一人、前出の、当初北海道にいたMTさん。

——番組を見始めた時大学生だったってことは、大泉さんは完全に自分と連続したところにいて、たまたまテレビに出てるって感じだったんですか

そうですね。今見てる人、すごく熱狂的なファンの方って多いじゃないですか。当時熱狂的に見てたかっていうと、でもその時はあくまで飲みのついでで、「今日水曜日であれやってるから見ようぜ」って感じでした。「見れる時は見よう」から「見ようぜ」に変わっていったんですが、必ずビデオ録って見なくちゃ、とか思ってなかったです。

——そうなんですか。この間札幌のイベントでも、「『モザイク〔な夜〕』から見てました」っていう人が三人位いて、「いや〜、『どうでしょう』は日常ですから」て言うんですよね。

そう。やってるから見る、っていう。

――だからやっぱり違うんですね、随分。徐々に毎回見るようになった。じゃあ、飛び抜けてこれすごく面白いって思っていたわけではない？

見ると面白いんだけど、逆にビデオに録って素面の時に見たら、「なんでこれで面白いと思ってたんだろう」的な時もあるわけなんですよ。それこそ、「これ本当に面白いから」って期待させて「どうでしょう」見せると、「あまり思ったほど面白くなかった」と言われることもあるので。身構えないでなんとなく見ているのがいい番組なのかな、という感じがします。

（MTさん@埼玉県（北海道出身）、四十代男性）

このように、ファンでも「最初はよくわからなかった」人が実に多いのである。もちろん第一章のNKさんのように「いきなり面白かった」と言った人もいる。ただ番組自体もレギュラー放送の間に変化しているから企画の違いもあるし、個人差もある。いきなり面白かったという人たちは、すでに番組のスタイルが確立していた「腹を割って話そう」（「東北2泊3日生き地獄ツアー」一九九九）あたりから見た人が多い印象である。とはいえ最初はわからず後ではまった人は、相対的にはかなり多いように見える。プロも同様で、ジブリの制作に参加し、後日、大泉さんや両Dが吹き替えに参加した映画『茄子 アンダルシアの夏』（二〇〇三）『茄子 スーツケースの渡り鳥』（二〇〇七）を撮った高坂希太郎氏は同様のことを語っている（OFFICE CUE Presents『鈴井貴之編集長 大泉洋』（二〇〇五）、八八－八九頁）。

そして、もう一つ。最初はわからなくても、周りの人が面白いと言ったりするので「繰、り、返、し見て、い、る、う、ち、にはまった」というのも共通点である。既出のＭＲさんのように、新しもの好き、つまり普及論でいう初期採用者に勧められた、というクチコミベースも多い。

このことから次第に、繰り返し視聴がファンコミュニティ形成の大きな鍵だったと考えるようになった。一つには、レジリエンス効果を生むには繰り返し視聴が必要条件だとわかったから（第五章）、というのもある。

ではな、ぜ、視聴者は繰り返し見たのか。単純な回答は「面白いから」だろう。だが、そこにはまず繰、り、返、し、見、る、こ、と、を、可、能、に、し、た、いくつかの要因があった。

その第一が媒体である。私は、「水曜どうでしょう」が全国にコアなファンコミュニティを形成し、いまだに延々とファンを惹きつけ続けているのは、実は番組を見る媒体がテレビのレギュラー放送ではなくＤＶＤあるいはネット動画になったことが期せずして極めて大きかったのではないかと考えている。その理由は、ＤＶＤはテレビのレギュラー放送と異なり、時間や場所の制約なく繰り返し見られる媒体だからである。ネット動画も同じ効果を持ったと考えているが簡便化のため、本書ではＤＶＤ化という表現でこれらをまとめて表す。

説明のため、少しメディア論的解説をする。若干難しいがご容赦を。

同期型のテレビと擬似同期のTwitter

テレビというメディアの大きな特徴は同時性や時間性にあった、というのは定説である（萩元・村木・今野（一九六九）、今野・是枝・境・音（二〇一〇））。だがこれらの古い文献はテレビを映画と対比しているため、比較的最近出て、ネットに軸足のある濱野（二〇〇七）の説明をここでは取り上げる。

濱野の『アーキテクチャの生態系』（二〇〇七）はニコニコ動画や2ちゃんねる、mixiといった日本独自のSNSが日本文化によく合い、欧米発のYouTubeなどより優れた部分があることを論じて話題になった本である。彼はこの中で、メディアコミュニケーション論での同期／非同期という分類を紹介している。具体的には、メディアコミュニケーションを行っている人々が同じ時間＝現在を共有していることが同期、一方コミュニケーションの発信と受信の間に時間差が存在している場合は非同期（いずれも一九七–一九八頁）で、要は受け手と送り手が同じ時間にコミュニケーションをしているか否かによる分類である。これでいうと、電話やテレビ、ラジオは同期型（ただし留守番電話やテレビの録画は非同期）。手紙・本・雑誌といった紙メディアはそうではないので非同期型。新聞は最終的には非同期だが、現在の配達状況の中ではタイムラグが小さいので同期型に近い、とする。一方ウェブ上のSNSのようなソーシャルウェアの大半は非同期型で、発信側と受信側が同じ時間にコミュニケーションしない性質を持つ。

だが濱野（二〇〇七）はソーシャルウェアには擬似同期（選択同期）という別の形が現れていることを主張した。例えばTwitterでは、基本的にはユーザーがバラバラに（非同期で）独り言をつぶやく。

だが、受け手がそれをリアルタイムで受け取り「独り言」が連鎖することもある。つまり局所的だが、突発的に同期あるいはそう感じる状態が生じることがあり、その点一種の同期型である。このようにTwitterは同期と非同期の両方の特徴を持ち、かつそれがユーザーの自発的選択に委ねられていることから、濱野はこれを擬似同期（選択同期）と名づけた。そしてmixiやニコニコ動画についても同様の性質を指摘した。リアルタイムで受け取ることもあるし、実際には同じ時間ではないが、他の人たちと同じ時間にコミュニケーションをしているかのように感じ、ら、れ、る仕組みだということである。たとえばニコ動では実際にコメントされたのはずっと前かもしれない。だが、自分が動画でその場面を見た瞬間にコメントが出るため、実際にはそうではないのに同じ時間に見ているかのような感覚が生じる。これが擬似同期である。濱野は、ニコニコ動画は視聴者のコメントを積極的に生かす擬似同期型のため、YouTubeより集団志向の日本社会に合っていた可能性を主張している。この点をちょっと覚えておいていただきたい。

以上の分類を踏まえてテレビについて考えてみよう。ビデオ録画を除くと、テレビは基本的には同期型である。よって決まった時間に受像機で見なければならないが、それは視聴者には制約が大きい。そこでビデオ録画が増えた。

だが、同期型であることは視聴者にとってマイナスなことばかりではない。私は授業で大学一年生にテレビやラジオ、雑誌などのメディアについて、親世代にインタビューをする課題を時々出すが、そこでテレビについて非常によく出てくるエピソードに「好きな番組を見て、次の日学校に行って友達とその話をした」というものがある。特定の日時にしか放送されない番組を見、それを次の日学校や職場で話して共感を共有する行動は、同期型だからこそ生じやすい。多くの人がバラバラに、好きな番組を好きな時間にビデオで見ているのでは起こりにくいだろう。昭和三十年代が舞台の映画「ALWAYS 三丁目の夕日」（二〇〇五 東宝配給）には多くの人がテレビの前に集まってプロレスやオリンピックを見る場面が出てくるが、同期型のテレビはこのように初期から付随して「共感の共有」行動を生み出しやすい装置でもあったと言える。

共感の共有の重要性

一方、この約十年、ライブビューイングやパブリックビューイングが大幅に増加した。すでに指摘されているかもしれないが、これはテレビの録画視聴の増加と関係があるのではないか。テレビは同期型だった結果、スポーツ中継やドラマを家族や友人と、同じ時間に見ざるを得ず、そのことが自然にそれについて学校や職場で話すという共感の共有を生み出しやすかった。一方、録画視聴は視聴時間がずれるのでその機会を減らす。劇場でのライブビューイングやスポーツバーでのパブリックビューイングといったイベントが盛んになったのは、このようなテレビが生み出してきた視聴対象に対する共感の共有の喪失部分を補完する役割があったのではないか。もしそうなら、時間制約を課すので欠点と考えられていたテレビの同期性は、共感の共有を生み出しやすいという点で、実は心理的に重要だった可能性がある。

教官の動悸

広告媒体としてのテレビの位置付けは、なお非常に大きい。新聞や雑誌は前年比で見ても確実に広告費を下げている（㈱電通推定「日本の広告費」より。二〇一七年、二〇一八年の各前年比は、新聞が九四・八%、九二・九%、雑誌はいずれも九一%）。だがテレビは一概に大幅に下がっているわけでもない（九九・一%、九八・三%）。実際、大手広告代理店に勤める友人は「新聞や雑誌はダメだがテレビはまだ先がある」という。一つには、ネット情報はテレビ発の話が多いから、だそうである。確かに今でもネット情報の中心はテレビ番組やテレビに出るタレントの話である。だがそれでいながら多くの人が「テレビがつまらなくなった」とテレビの評価を下げている。

多くの人がまったくテレビを見なくなったわけでもなく、また広告の出稿を扱う側も、広告媒体としての価値を下げてはいない。それなのに、視聴者側が、実際には（おそらく）テレビを見ながらもこれほど評価を下げた理由は何か。実際コンテンツがつまらなくなった部分もあるとは思うが、テレビの同期型の性質が弱まることで、共感の共有を生み出す装置という特徴が著しく下がったことも一因ではないか。私の世代（私は一九六〇年代生まれ）が子供の頃に見たテレビは、たしかに中身も面白かったように思うが、しかしみんなが見て、みんなでその話をする、という共感の共有部分も大きかった。この番組を見ないと、学校の話題についていけないからわざわざ見たことも多い。それに比べ、現在のテレビ番組は多チャンネル化もあって、誰もが見ているものではなく、一部の好みの合う人たちだけが見ているものになった。それに、話題についていくためにはネット検索したっていいのである。その点、ネットで趣味の合う人たちが選択的・自発的に見ているものの方がよほど共有感があるだろう。つまり社会関係を結ぶコミュニケーションツールとしてのテレビの価値が、共感の共有を生み出す機会の減少で大幅に下がってしまったのではないか。現在ではテレビを見ながらの Twitter などのSNS利用がその部分を補完する役割を果たしているようだが（たとえば志岐（二〇一五）、山本（二〇一二））、若年層はともかくテレビをよく見る中高年にとってはまだ若干ハードルが高い。Wikipedia によるとビデオ録画は、一九八〇〜九〇年頃はVHSが主で、長時間自由に録画できるHD録画やDVD録画が普及し始めたのは二〇〇〇年代からだそうである。だとすると、長時間録画が一般化したこの二〇〇〇年から、Twitter の日本語版が発表され（二〇〇八年四月）普及するまでの約十年弱の間、共感の共有機会が非常に限定的になったことがテレビの評価の低下の一因である可能性がある。

共感の共有が重視される傾向はライブビューイング以外でも見られる。例えば音楽。ジャズ喫茶やクラシック喫茶の時代以降の七〇年代後半〜九〇年代、ライブやコンサートは確かにあったものの、音楽は基本、各自レコードやCDを購入して一人で楽しむのが中心だった。だが今はむしろライブに行ってそこだけの時間・空間を楽しむことが増えている。そして同時に、ライブ中やライブ後に Twitter に代表されるSNSでそれを共有して楽しむ。その意味で音楽も体験による共感の共有のウエイトが上がっている。

「水曜どうでしょう」も、共感を直接的に共有するイベントを開いている。この「耐久十一時間イベント」（東京・下北沢ケージ、二〇一七〜一九年）は、ディレクターの二人が話をし、観客はヘッドセットでその音声を聞いて後はDVDを一緒に見るだけである。私はただ単に番組を見るだけで本当に面白いのかかなり疑っていた。しかし実際に参加してみたら非常に面白かった。制作者も視聴者も皆、同じ所で笑う。私見だが、私は笑いのセンスは個人差が大きいと考えているので、その意味でもこのイベントはファン同士の類似性を確認し参加者の共有感・一体感を高めるものでもあった。こんな経験からも、共感の共有はテレビにとって極めて重要だったと考えるようになった。特に、相互依存的文化と言われる日本社会では一層かもしれない。

ちょっと前に、泣くために映画を見る集まりをしましょう、みたいなのが流行った時期があったじゃないですか。あれに近いのかもしれない。泣いてスッキリするのではなく、笑ってスッキリするために見る。そうしたら中毒になるんですよね、この番組を見ると必ず笑える。スッキリする。祭りとかみんなのイベントあるじゃないですか。確かにグッズとか洋ちゃんに会いたいとか、みんなに会いたい、「どうでしょう」好きな人たちで盛り上がりたいもあると思うんですけど、結局みんなで笑いたいんじゃないか、と思って。

（ＮＩさん＠大分県、三十代女性）

番組に戻る。共感の共有が重要なら、逆にＤＶＤ化は見る時間の自由度は高くとも同期性は減少し共感を共有するチャンスは減る。とすればファンコミュニティ形成にはマイナスだったはずである。だが、にもかかわらず逆にそれが重要だった、と主張するのには三つ理由がある。それは、①この番組のコンテンツがそもそも繰り返し視聴に向く特徴を持ち、ＤＶＤやネットという媒体に合っていた、

②番組掲示板を活用することでファンの間の共感の共有が積極的に維持された、③レジリエンス効果は繰り返せる媒体だったことで初めて生じた、という三点である。以下、章を跨いで順に説明しよう。

身体性の高いものは繰り返し見られる

まず①である。繰り返して接触すると好意度が上がるというのは、広告の大前提であり、また社会心理学の概念「単純接触効果」でも指摘されていることなので、その意味では一般論としては繰り返し見ることが視聴者を惹きつけることは間違いない。だが、それ以前に、「水曜どうでしょう」は、コンテンツのある特徴からもともと繰り返し視聴に向いていた。言い換えれば、プラットフォーム（媒体）とコンテンツ（番組内容）は関連があり、コンテンツの特徴からも繰り返し見られた、というのが私の考えである。

まずコンテンツと媒体の関係を考えるため、大まかだが視聴行動という点から映画とテレビ番組を比較してみよう。素人考えでも、テレビ番組は映画と大きく異なる。撮影方法や投入コストが全く違うのは確かだが、コストをかけた映画製作が可能なのは、ビジネスモデルが違うからである。映画はもともと様々な場所で繰り返し、時には長期間経過後リバイバル上映することが前提で、現在の場合ブルーレイやＤＶＤなどに商品化して繰り返し見られることが一定程度採算に入っているのだろう。言い換えれば一回の視聴や一シーズンだけで採算が取れなくてもいいし、長い上映期間に繰り返し見られることもある。ということは、繰り返し見て初めてわかるものであっても映画の場合は許容される。「テレビの時間性」の一部は映画とのこういった違いから指摘されている。

そして。内田樹の映画論（二〇一二）によると、映画の中でも「エイリアン」のように映画ファンが繰り返し見るものは、テーマやメッセージ性よりも、「身体性が高い」作品だそうである。例えば宮崎駿の作品について次のようにいう。

『ＢＲＵＴＵＳ』の宮崎駿特集にも書いたけれど、宮崎駿の映画的達成については語るべきことが多い。／それはたぶん宮崎駿という人が、あまり「テーマ」とか「メッセージ」とかいうことを深く考えず、「描いて気持ちがいい絵」、「観て気持ちがいい動き」に集中しているからだろうと思う。／身体的な「気持ちのよさ」をもたらす要素は多様であり、私たちはそれを完全にリストアップすることはできない（半分もできない）。（中略）宮崎駿は久しく「飛行」と「疾走」のもたらす身体的快感をどのように観客に追体験させるかに技術的な工夫を凝らしてきた。

（内田樹の研究室、二〇一〇年七月二十六日ブログ）

まえがきでも説明したが、「身体性」とは心理学でいうなら言語や物語とは別の非言語部分の知覚や体感。言葉のうちでも意味よりリズムや音の響きなどのパラランゲージと呼ばれる部分だろう。なぜ映画では身体性の高いものが強いファンを惹きつけるのか。推測だが、一度見ただけではわからないが見たときに気持ち良さを感じるあまり、映画館あるいはＤＶＤで改めてそれを見て再体験すると共に、それを感じる理由を考えたくなるからだろう。わかりやすいテーマやメッセージのもの

（例えば「戦争もの」「ラブストーリー」等と説明しやすいもの）は、もしそれだけならわかりやすいだけにその後何度も見たいという欲求が生まれにくい。それでも再度見たいものもない訳ではないが、繰り返し見る回数は多分限られるだろう。

振り返ってテレビのコンテンツはどうか。テレビの場合、媒体の性質上、おそらく身体性の高いものよりわかりやすいもの、例えばストーリーが明白なもの、バラエティで言えば面白いハデな部分が連続するようなものが基本的に好まれる、あるいは、少なくともテレビ制作者の一般的な信念としてはそう理解されているのではないか。理由は、テレビは万人が見るものであり、また基本的には一回しか見ないことが前提だからだ。スポンサーがいることで成立するメディアなので、その一回の視聴率が番組の評価に直結する。とすれば、その場ですぐ惹きつけられ見続けてくれるわかりやすい面白さが必要である。むろんテレビも録画やDVDにより視聴されることはある。しかしDVD化されたとして、どの位テレビのコンテンツがDVDでの繰り返し視聴に耐えるだろうか。私はいくつかテレビ番組のDVDを持ってはいるが、しかし実際には映画のDVDほど何度も見ない。理由は多分、見ているうちかえってアラがわかったり、予めそれが出てくることがわかっているヤマの連続を見ていると疲れてしまうからである（気のせいかもしれないが、どうも近頃のテレビ番組はそういったタイプのものが多いような気がする）。

テレビも映画もネット動画も、大きくは同じ「動画」という形式である。しかし、現実に見る時の視聴行動――原則一回のみ見ることを前提にするのか、何度も見てもらおうとするのか――が異なれば、好まれるものも異なってくるのではないか。つまりプラットフォームが違えば好まれるコンテンツも違ってくるだろう（第一章で紹介したように、ネット動画もまた別の特徴を持ったコンテンツが好まれるようである）。テレビ番組をただＤＶＤにしてもそれほど成功しないのはそこに理由がありそうである。

そして、「水曜どうでしょう」は、もともとこの身体性が飛び抜けて高いのではないか。この番組の身体性の中心はリズムやテンポだろう。人にすぐ伝染ってしまうような大泉さん独特の台詞回し。繊細な編集で生まれるリズムや流れ、テンポ。微妙な表情の変化や画角。四人の声。身体性の詳しい内容は第四章で書くが、言いたいのは、この番組はよく言われる「ハプニング旅」のような企画やストーリーではなく、その中に込められた身体性の高さが、実は多くのコアなファンを長い間惹きつけているのではないか。それは内田樹が宮崎駿の映画について語ったことと共通している。だから番組の「何が面白いのか」の説明は難しいし、何回か見て初めて体感で面白いと思う人が多く、その後繰り返し見るようになるのではないか。後述のように、身体性以外にもファンを強く惹きつけている番組世界の特徴はある。大泉さんの天才的な話術は言うまでもない。だがＤＶＤ化で繰り返し視聴可能な媒体に移行したことで、身体性が高いという特徴が際立つことになったのではないだろうか。再編集で全体の時間（尺）を気にせず、わずかの音のタイミングにも気を使って作られたＤＶＤは、おそらく通常の放送以上に身体性が高く、繰り返し視聴に向いたものになっていたのだと推測する。そして「繰り返し視聴」が媒体の面で可能になったファンは、体感的に気持ちの良い名場面を繰り返し見、そのことでよりファン度を高める。それは例えば映画「天空の城ラピュタ」で空を飛ぶシーンを何度も見たくなるのと似ている（ジブリには「どうでしょう」のファンが多いそうである）。そしてもう一点、後述の、この番組の特徴となっている強い没入感（臨場感）を生む撮影方法（第四章）も、繰り返して体感したくなる大きな理由だろう。

DVD化という媒体の性質と、身体性の高いコンテンツ特性、強い臨場感。これらが相まって、ファンは何度も見て、それでより番組が好きになっていったのではないだろうか。

——好きな企画はなんですか

原付が好きです。

——どれに限らず原付？

そうですね。

——理由はなんですか？

一番流してて、ほとんど、あの、画像は見なくなったんですけど、なんかしながらなんですけど、一番心地いい。なんかをしていて。

——あ、そうなんですか

うん。

——話を聞いていてって感じ？

そうですね、まあ。

——へえ〜、そうなのかあ。リズムが決まっているからですかねえ。

うーん、どうなんだろう。なんか。（中略）

――飽きないんですね？

飽きないです〔きっぱりと〕。

――なんで飽きないんですかね。

なんで飽きないんだろうな……なんで飽きないか〔ちょっと考えて〕多分、自分がその中に入っている気持ちになっているからだと思う。

――やっぱ、そういう感じします？

そうです、します。一緒に旅をしている感覚にはなっていると思う。


（A－さん＠愛知県、四十代女性）

こうやって、いつも流している人は非常に多いし、居職の人は仕事をしながら聞いている。移動の車中、いつも副音声を聞いている人も非常に多い。中身はもちろんわかっている。どこでどんな台詞が出るかも知っている。それでもそれを聞くのを楽しみに見ている、というのはストーリーではなく、そこで経験するリズムやテンポのような体感的魅力が理由だからだろう。

なお藤村さん、嬉野さんは、成功の秘訣として「自分たちが面白いと思うものを作ってきた」とよく言う。推測だが、実はこの言葉の前に、明言されていない言葉があるように思う。それは「テレビの常識に従わないで」である。撮影方法やロケの方法等、様々なテレビの常識を意識的に、あるいは知らぬ間に破っているうち、いつの間にか通常のテレビ番組制作とは違った形にたどり着き、それがテレビ的でない繰り返し視聴を生んだのではないだろうか（とはいえ、放送業界とネットの間での再編可能性が語られる現在（夏野（二〇一九））、テレビ的ではない動画コンテンツが作れることは今後大きな強みかもしれない）。

なお制作者たちがDVDという媒体の「繰り返し視聴に向く」特徴が「どうでしょう」に合っていると最初からわかっていたのを「本日の日記」で先日発見した。


02年9月。「水曜どうでしょう」は、長い充電期間へと入った。

理由のひとつが、過去の作品を「クリアな映像と音声で再編集」し、「永久保存版」としてみなさまのお手元に置いていていただきたい。そのためには、今考えうる最良の手段「DVD」として残したい、そう考えたからである。

「じゃ、VHSは発売されないの？」

発売の予定はありません。なぜなら「テープ」は劣化します。そりゃ「普通の使用状況」ならば問題ありませんが、こっちは「毎日見てます」「テープが擦り切れそうです」「ついに切れました！」というヘビーユーザー相手。

これ以上諸君に「テープの摩擦耐久試験」をやらせておくわけにはいきません。だから「DVD」なのです。

理論上では「DVD」は、そこに記録されたデータを読み込むだけのものなので、劣化は無いはず。


（本日の日記　藤村　2002.12.5（THU）13:21）

「テレビは一回性」と書いてきたものの、この番組に関してはレギュラー放送の時点でも、ディープなファンはすでに録画したテープが擦り切れるほど番組を繰り返し見ていたようである。そういったファンが当時どの位の数存在したのかはわからない。しかし、繰り返し見ることが前提の媒体（ＤＶＤ）に移行する、というテレビ番組としては大胆な決断の一部はこのファンたちの存在から始まり、そのことがさらなる数のファンを生むことになったと推測される。

なお藤村さんのこの書き込みを改めて読むと、「永久保存版」。つまり、テレビの通常の放送の同時性や時間性、つまりその場で消えていく性質より、むしろその作品を何度も見ることがＤＶＤ化の最初から意識されていたのだと改めて思う。

マスメディアの「リレーションシップマーケティング」

もう一つ、この番組の、テレビとしては非常に珍しいスタンスを指摘しておく。

ネットで藤村さんが過去に語ったことによると、この番組ではある時期から視聴率を上げることではなく、見てくれる「特定の顧客」、顔の見えるファンたちを大事にし、継続的に見てもらう、という考え方に転換したらしい。時期はおそらく、「サイコロ６」（九九年一二月）でゴールデンタイム

図3　ファンと呑む藤村さん

「藤やんとうれしー」のイベント「昼から大忘年会」（2017年12月、東京・神田）にて。開始前に入り口の階段でファン同士呑んでいたら、中から藤村さんがわざわざ出て来て「俺にも」ということで一杯（右が藤村Ｄ）。こうやってファンと呑むのはこの番組ではそれほど珍しいことではない。

に進出したものの、結局視聴率が変わらなかったあたりだろう。

特定の顧客を大事にし、その「ファン」に繰り返し購入してもらうというのは一般企業のマーケティングではよく知られたリレーションシップマーケティング、である。実際、二〇一八年の春、嬉野さんは佐藤尚之『ファンベース』(二〇一八)を読んで、「これは我々のやってきたことと同じ」と驚いていたという話を間接的に聞いた。ファンベースは「ファンを大切にし、ファンをベースにして(ベースには、土台、支持母体などの意味がある)、中長期的に売上や価値を上げていく考え方」(同書)である。ファンによるクチコミやシェアを重視し、長期的な関係を大切にして売り上げを上げていくという発想で、リレーションシップマーケティングの発展形とも言える。この中では共感をいかに強めるか、や「身内」として扱うことで顧客に共創してもらうこと、などが挙げられている。確かに「どうでしょう」が視聴者に対して行ってきたことと重なる部分は非常に多く、実際、制作者の二人はファンを一時期頻繁に「身内」と呼んでいた。マスメディアの対象は「マス(大衆)」で、従来は匿名的で個別に特定されない存在として考えられてきた。視聴率で考えるということは、集団の中の割合、マスで考えるということで、顔の見える個人として扱う、という発想は従来あまりないように思う。

この特定の顧客を大切にする考え方の延長に、番組掲示板やイベントでのコミュニケーションを大事にし、時には顔と名前さえわかるファンという顧客に、何度もＤＶＤやグッズを売りつけるというビジネスへの展開がある。「商売繁盛」をも年中口にし、「どんどん売るぞ」(藤村さん)や「買いなさいね♡」(嬉野さん)の硬軟両方の、これだけ聞くと随分とあからさまな言葉をファンは何やら嬉しそうに聞き、グッズをたくさん買ってしまう。実に不思議な商売である。だがその背景にはおそらく制作者とファンの間に長年にわたって築かれた信頼関係が存在し、経済行為でありながらむしろ関係性をつなぐ手段になっている。こういうリレーションシップマーケティングを現時点でやっているテレビ番組はおそらく日本では皆無だろう。その意味で彼らのやり方は従来のマスメディア的でもテレビ的でもなく、随分早い時点ながら現在のネットビジネス型のモデルにシフトしていったようである。

第三章　メディアと「藩士」その2——番組掲示板の役割

番組HPのスタッフルームと番組掲示板

さて、DVD化がファンコミュニティ形成に重要だった、と述べたが、その際ファンの共感の共有という点で非常に重要な役割を果たしたのが番組掲示板である。他局への番組販売によって番組は道外でも見られるようになった。また、道内のファンあるいはすでに番組を知っていた人から「面白い番組がある」と言われて録画されたDVDを送り付けられてファンになった人も、聞いたところではかなり多い。しかし特に情報が限定され番組を知る人も限られた道外では、放送以外で情報を得る手段としては番組ウェブサイトが非常に重要だった。DVD化以降は一層、共感の共有やコミュニティの維持、そしてマーケティング上で番組掲示板は非常に重要だったと推測される。

番組がウェブサイトを持ったのは二〇〇〇年五月。2ちゃんねるができた次の年で非常に早い。局の人に勧められて作った、と聞いた。ただ藤村Dと面識ができ、その活動を見ていて、この方は元来新しいメディアに対して好奇心が強く、取り入れるのが早いのではないかと思うようになった。半年に一度のDVD発売時の販促活動に、LINEライブやニコ生を使っての動画配信の導入も早かった。現在（二〇一九年二月から）はなんと五十代にして藤村D・嬉野Dの二人でYouTuberデビューする、というありさまである（チャンネル登録者数は二〇一九年八月二十日現在二四万人超でYouTube本体から銀の盾を贈られている)。

番組ウェブサイトにはスタッフルーム(後日、「本日の日記1~5」として書籍で発売)とスタッフのウラ話、番組掲示板があった。「本日の日記」「ウラ話」では両Dが日記的に頻繁に書き込みをした。「掲示板」の方は、視聴者の書き込みをディレクターが読んでその中からアップしたもので、時にはコメントをつけたものが掲載された。時には大泉さんやミスターさんも日記を読んで書き込みをしている。既出だが、藤村・嬉野両DとSHARPさん(シャープ株式会社の公式Twitter広報の中の人)との対談(二〇一九年四月)で聞いたところによると、「本日の日記」は、「ほぼ日刊イトイ新聞」を真似たという。「ほぼ日」は一九九八年六月六日創刊、「毎日何らかのコンテンツが更新されている」(Wikipedia)。藤村さんもこれを真似て「とにかく動いていることが大事」と言っていた。確かに、当時の日本のウェブサイトの多くはできたばかりで「ある」だけ、動いている(更新される)ものはほとんどなかったのだが、この番組の掲示板や日記は頻繁に更新されていた。頻繁に更新され、しかもコメントまでつくのは読み手にとっては非常に新鮮だっただろう。実際、「ほぼ日」に似ていると思った人もいる。

――「水曜どうでしょう」の掲示板て有名なんですけど、読んでみて、何と他愛のない、と思いましたね。晩御飯のおかずとか、天気の話とか、なんかそういう話がとても多いですよね。ああいうのって不思議だと思わなかったですか?

不思議議とは思わなかったですね。今となってはFacebookのタイムラインもそうですが、いろんな人がいろんな風に書いたりしますが、それがなかった時代で言えば、掲示板も一生懸命更新してくれてたし、「本日の日記」もかなり更新してくれていたので、なんか毎日見て楽しむ、みたいな。今ふと思いついたのが、「ほぼ日刊イトイ新聞」ってあるじゃないですか。あれ、トップのところに糸井さんが毎日何か書いてるでしょう。それと似たような感じで、ああ楽しいなあ、って感じで見ていたような気がします。

――毎日見てました？

うん、今日は更新してるかなって毎日見てましたね。

――あれ、面白いですよね。

はい、面白いです。

（ITさん＠稚内市、三十代男性）

「本日の日記」は書籍として残っているが、「掲示板」は普通のやり方では読むことができない。私はここでのコミュニケーション、特に嬉野さんがここで視聴者の悩みに答える「お悩み相談」に興味があって、嬉野さんを大学の学園祭にお招きしたときWaybackmachineを使って掲示板の書き込みを読んでみた。例えばこんな感じ。

タイトル：あと、30分！
Name：秋田のいなかっぺ　2000. 6/9（FRI）23:31

あと30分で秋田のどうでしょうリターンズが始まります。
今日はカントリーサインの旅第2段！Part2！
楽しみだな〜。
そういえば、秋田での視聴率は初め2％未満だったのが、
今では平均5％くらいになったそうですよ。
秋田でばったり会える日を楽しみにしています。

タイトル：受験生。
Name: ニジコ。 ― 2001. 2/22（THU）19:38
先週の休日どうでしょうビデオ
連続30時間つけっぱなしで見てました。
勉強しなきゃ。

藤村
しろ！

タイトル：ある主婦の考察。

Name: さっちん。｜2002. 11/29（Fri）10:00
おはようございます。今日もご苦労様です。

最近、私は「どうでしょう」がどうしてこんなに、私の心を支配しているかをテーマに考えています。

（う〜ん。重病かも知れない。）藤村さんや嬉野さんのレスや日記、ミスターや大泉さんのウラが、なぜ魅力的なのか……？

それは、きっと私たちを「お客」として、完全に一線を引いていないことかな〜と思いました。ホントにね、4人と一緒にいる気分になるんですよ。だから、例えば藤村さんが、大泉さんに「バカ」というのと、私たちに「バカ」と言うのは同じテンションであり、親しみを感じてしまう訳ですよ。これって、贅沢だなって思います。

今、「どうでしょう」はお休み中ですが、私たちと4人の旅は、今も続いているんだな……って思うと、何だか幸せ気分です。

これからも、ずっと一緒に旅をしていきましょうね。

嬉野
一度、検診受けた方がいいです。

（注：傍線は広田）

普通、番組掲示板と言えば番組の広報が主だろう。しかし、この番組掲示板では、こんな日常的な話が多い。「本日の日記」の方も、私がかなり忘れていたせいもあって、読み直して他愛のなさに唖然とした。今日の夕飯の話。天気の話。クリスマスに子供に向かってサンタクロースを演じた話。そしてたまに災害の話。いずれも今読んでも他愛がないが面白い。掲示板にアップされた視聴者のコメントに二人が絶妙の返しをする。視聴者のコメントも気が利いていて、大喜利か何かのようである。「お悩み相談」もその中にある。番組情報の限られていた首都圏では掲示板を熱心に読んだ人がかなりいたようである。

投稿者のいる地方を@XXという風につける習慣もこの番組掲示板から始まっているし、今もよく使われる「藩士」「討ち入り」といったファンコミュニティのジャーゴン（隠語）は、番組ではなくこの掲示板から生まれている。掲示板では、視聴者間の共感の共有だけでなく、投稿者間でのつながりも次第にできてきたそうである。

——で、二〇〇四年くらいからコメントを書いて。で見るのは二〇〇四年ぐらいからずっと見てる？

見てます見てます。

——書き込みもしてるんですか。

書き込みしてますね。で、あの当時、日記が上がるのが毎日ではなくて不定期なので。で、掲示板ももちろんアップしてくれるのが（いつかはわからなくて）。日記は書いたけど掲示板はやってくれない時もあるし。一緒にやってくれて載るじゃないですか。ほんとタイミング。毎日書いて打って……。

——え、そんなに書いたんですか？

書いてましたよ。で、運が良ければその時間帯にパッと載るとか。多分嬉野さん藤村さんが見たところから遡って二〇件とかそれぐらいなんです、上がってるのが。タイミングが合えば上がるし。返事も貰えるし。（中略）一番お話で好きなのは藤やんの書く「クリスマスのお話」で。

――あーはいはい。あ、私これは「本日の日記」の本に入ってるんで読みました。

はじめね、毎年クリスマスのお話をよく載っけてくれてたんだけど〔注：藤村さんや鈴井さんはお子さんが小さい時サンタの存在を信じさせたり、サンタを務めた話を書いている〕、だんだん〔藤村さんの〕子供達が大きくなるにつれて、載せてくれない時もあって。で「載せてくださいよ」って私がずっと言ってたんですよ、毎年。これの時ももう二月なのに、その前に「載せてくださいよ」って言ったら載せてくれて。確か藤やんの真ん中のお嬢さんがうちの子と同い歳なんですよ。これは一番下の子が五年生の時の年の話で。

――これって可愛い話だなって思って。これは二〇一〇年ですね。

そう、これが大好きで。（中略）

――やっぱりコメントに返事が来るっていうのは嬉しい？

うちの子が初めて書いた時も、その時四年生で、「どうでしょう」八周年とかの時パーカー頼んだ時で。「私はどうバカで、国語の発表で『水曜どうでしょう』について発表したんだけど、『水曜どうでしょう』知ってる人〇人でした。でも私は大好きだし、パーカーも頼んで買ってもらったので、中学生になったら着れるから楽しみです。バイバイ。」みたいな書き込みして。そしたら藤村さんがいっぱい長くくれて。「うちにも同い年の娘がいますよ。でもその子もNACSの番組から何から録画して『どうでしょう』も見てるけど、そんなに北海道にも『どうでしょう』ファンはいない（笑）。どうバカは北海道でもそんなにいないんだから、神奈川で〇人だって言ってもそりゃ仕方ないよ。でもね注意しなよ、みんなから浮かないようにね」（大笑）って返事もらったり。あと、お誕生日だと言うと、うちの娘は、私が「ようたん」で書いてたんですけど、娘は「あーたん」で書いてたんですよ。

――お嬢さんは別に書いてたんですね。

「今日誕生日でした」とか、なんかあった時には書いてて。私が「あーたんは」って書いたりすると、お誕生日の時なんかは「あーたん、お誕生日おめでとう」とかくれたり。あと「ピアノのコンクールがあるんだ、でも明日台風で」、みたいな話書いたらうれしー（注：嬉野D）が「あーたん、嵐のピアノコンクール頑張れ！」って書いてくれたり。なんか他愛のない話をこの人たちも書くんだけど、何か（他の人で）上げてる人たちも可愛い話が多くて。

――すごく思ったんですけど、番組のサイトって普通こんな他愛のない話書かないよなって。でも実はそこが結構良かったんじゃないかなって。番組のサイトって番組のPRばっかりじゃないですか。「今度サイン会あります」とかそういう広報なんですけど。

うちはちょっと違いますよね。

――季節の話とかがすごく多いんですよね。災害の話とかも結構あって。だから割と身近なことを書いてるなって思って。あれはパーソナリティの問題ですよね。

多分そうですよね。ＨＴＢ（や番組の広報）関係ないですよね。

――嬉野さんは確かにＤＶＤ発売時は討ち入りがどうこうってことは書いてて。それは確かに広報なんですけど、でもそれはごく一部で基本的には他愛のない話をずっと書いてて面白いなって。

で掲示板に上げる人たちも他愛のないばっかり。「こんなことありました」。そうすると嬉野さんが「今夜の晩御飯は何？」みたいな。

――そう、晩御飯の話も多いんですよね。

大好き。「今日は川崎はすごく寒い、札幌より寒いみたいなので、今日はこれから買い物に行って、今日はホワイトシチューにします」って言ったらうれしーが「いいね、ホワイトシチュウ〜！」とか言って返事書いてくれたり（笑）。藤村さんの方は「『奥さん、奥さん』ばっかり言って『今晩のおかずは何』とか言って、そんなことでお茶を濁して終わるでしょ」とかよく言ってるけど（笑）〔注：嬉野さんはよく掲示板で「奥さん」という呼びかけをしていた〕。

（Kーさん@神奈川県、五十代女性）

親戚のおじさんとのやり取りのようなこの身近さは、とてもテレビ制作者と視聴者の関係とは思えない心理的距離である。

嬉野さんとSHARPさん

ところで彼らがSHARPさんと対談をするようになって気づいた。シャープ株式会社の公式Twitter広報（二〇一九年六月九日現在約五十一万以上のフォロワー）の「中の人」、SHARPさん自身も言っていたが、この掲示板の他愛のない、しかし個人としてのやり取りは、SHARPさんが今やっているTwitter広報とよく似ているのである。会社という抽象的存在の広報として匿名的にやり取りするのではなく、名前は出さないにしても、パーソナリティを出して個人としてやり取りする。そして書き込んだ個人に対して返事をする。これはSNSを介しているとは言え、コミュニケーションの原点のやり取りである。

例えばSHARPさんは二〇一九年四月八日、「いま始業式中にTwitter見てる人はリプくださーい」とツイートし、それにリプライがえんえんと並んだ。「はい」というリプがつくと「Twitterを閉じよ」という返事がつく。ただそれだけなのだが、それぞれの場所からの様々なリプライ（例えば「社長面談中です」）が入るとそれに合わせてSHARPさんがさらに書き込む。延々と連なる面白いやり取りを見ていて、これどこかで見たなあ、と思ったのだが、これは嬉野さんが時々やるのである。私はFacebookグループで経験しただけだが、その時（お盆の頃だった）は「今日のお昼ごはんを書き込め」というもので、これを様々な人が様々なところから書き込みし、それに嬉野さんが簡単なコメントをつけた。それが百件以上も並んでいくところは、実に見応えがあるものだった。個人として書き込むこと。そして（掲示板の場合は）見ず知らずの人からのリプライに対して抽象的な存在や役目としてでなく個人として応えること。簡単そうにも見えるが、できそうで意外とできない。SHARPさんはTwitter広報を始めた理由について「Twitterでは八百屋がお客さんに挨拶をするように、直接お礼を言えたりできるところが良い」、と言っていた（二〇一七年十一月嬉野さんとの対談より）。だが、それぞれの人にリプライをつける双方向は相手の人数が多ければ並大抵の努力ではできないし、個人を出すのは怖くもあるだろう（彼は「半分は個人だけど半分は会社の人、としてやっているからできる」と言っていたが）。「どうでしょう」の掲示板は、二十年近く前、まだ大半動かない掲示板が並ぶ中で、なぜかそれをできてしまっている。しかも、彼らは名前も完全にさらして。相手にする人数は相対的には少なかったとはいえ、この番組の双方向の掲示板は、明らかに現代のSNS広報の先駆である。

もう一つ、掲示板を今改めて読んで興味深いのは、最近私がインタビューした人も、この時書き込んだ人も、番組に対する感じ方が非常によく似ていることである。先ほど引用した最後の「さっちん」さんが「4人と一緒にいる気分になる」「どうして私の心をこんなに支配しているかをテーマに考えています」というのは現在のファンと同じ。そして、「私たちを「お客」として、完全に一線を引いていない」というのは、この番組では制作者―出演者―視聴者の水平性が重要、という仮説（第六章）とも一致している。

番組掲示板でのお悩み相談

さて、関連して、掲示板の名物だった嬉野Dの「お悩み相談」に関するインタビューを紹介する。「お悩み相談」をした人や読んだ人を探したところ、ライブで読んでいた人を見つけるのは案外難しかったが、見つかった人はそれぞれなかなか興味深いことを教えてくれた。後述する番組のレジリエンス効果（第五章）自体は、掲示板とは関係なく番組本体から生じたと考えているが、それにしても、このお悩み相談もまた、あちこちに遍在するファン、特に孤立しやすい主婦を支えたことは間違いないだろう。

紹介する次の方は神奈川在住の女性。Facebookでの書き込みから、かなり熱心に掲示板を見ていたと思われたのでお願いしてインタビューしたが、摂食障害で苦しんだ人だったことが後でわかった。

番組より、なんと日記と掲示板を先に見た、という人である。

〔その時は〕二十代で、学生じゃなくてもう社会人だと思います。社会人の初め位ですかね。で〔掲示板を〕毎日見てまして。番組を実際に見始めたのが、この掲示板を見始めた六か月後だという事を今回アーカイブを見ていて発見しまして。この番組を見始めたのは二〇〇五年の六月だったので、だけど私は二〇〇四年の十二月二十九日から掲示板見てて、六か月間はもう掲示板と日記しか見ていなかったんです。だから番組見ていないので、「タコ星人」〔注：番組の前枠後枠に出てくる有名キャラクターで鈴井さんが演じた〕だと言われてもなんだろうか、と思ってたんですけど、日記と掲示板が面白くて。

——記憶に残っている事は何かありますか？

番組の宣伝としてホームページをやっているであろうはずなのに、全然関係ないお天気の話を例えば嬉野さんがされたり、藤村さんが嬉野さんの話を「この人はねえ」って「突然大英帝国の話を始めたりしてねえ」って。なんか面白いなあ、って見てて。（中略）

——掲示板に書き込んだ事あるんですか。

二回ですかね。えーといつだったか検索で出なかったんですけど、嬉野さんが「悩みを相談される方が多いので、返事はみんなには書けないけど、悩みがあるなら書くだけ書いてみてください」って日記で書かれたことがあって、書き込んでみようかなあって思って、初めて一回それで「私調子が悪くて……」みたいな話を書いてみて、もう一回は普通に藤村さんだったか嬉野さんだったか「お誕生日おめでとうございます」ていう軽いのを一度送ったくらいです。

——悩み相談はいつ頃？

嬉野さんが「書いてください」って言ったのが見つからなかったんですが、二〇一〇年代だと思うんですけど。

——載りました？

載らないです。三〇〇件くらいきたみたいで、「さすがに全部は載せられない」って感じで。

——「藤やんとうれしー」でも今お悩み相談やってますよ。

そういうところだと自分の本名なので、あまり重たい話もどうかな、っていうのもあって。掲示板だとニックネームとかでもいいですし。絶対答えて欲しいというものでもないので、もし目に止まって何かお返事いただけたら嬉しいかな、って。そんなに「答えを下さい」って感じではないので。なんとなく、もし同じような方がいたら、「同じような方がいるな」って思ってくれても嬉しいし。直接、っていうことではないです。サイン会とかでご自由にお話しください、と言われてもその話をすることはないですね。人が周りにいますし。

——「掲示板の空気感がいい」とSNSに書かれてたのでそれを知りたいのですが。

書かれている方も、誰かに聞いて、知ってほしいなあ、普段思っていることを〔と思ってるのかも〕。直接ディレクターの方に読んで欲しいのかもしれないし、読むのはもしかしたらスタッフの人たちが読んでピックアップして渡しているのかもしれないし、どちらでもいいかもしれないし。返信があるかも確実ではないですし、掲示板が更新されて全く知らない人の目に晒されてしまうかもしれないけど、「誰かに知って欲しいな」と思って書き込んだんだろうな、っていうのが私には魅力的で。そのなんとも言えない距離感と言いますか、そういう掲示板が好きで見てたんですけど、普通に毎日天気とか献立の話される方もいましたし、重めの病気の話される方とかいろんな方があるんで。都市大の講義でもありましたけど〔注：

東京都市大の学園祭に嬉野さんに講演に来ていただいた時の広田のコメント〕、身近すぎたり距離が近すぎたりすると、やっぱり相談しづらかったり、こんなことがある、というのが言いにくいことがあるので、そういうのを一番組のホームページのコミュニケーションとして視聴者ととっているのが、異端というか不思議な感じがして、でも居心地がいいというか、面白くていいなあ、と思っていたんで。〔中略〕掲示板の、どの辺に〔住んでるか〕「神奈川とか地名を書いてね」って嬉野さんがいうので、それからは北海道とか、埼玉とか、「ああ、埼玉に住んでらっしゃる方がこんなことを思ってるのかな」、とかなんとなく思ったりするのが好きだったので、そういうのがまたあるといいなあ、と思ってるんですけど。

——だから、絶対これに答えて欲しい、というわけではない。

はい。

——でも誰かが読んでくれてるといい？

だといいし。

——絶対読まなきゃいけないというわけでもない？

そうです。他の人もそういう風なんじゃないかな、って。まあ中にはもちろん「絶対読んで答えちょうだい」という人もいらっしゃるんですけど、書くことで自分の気持ちの整理ができている人もいるんじゃないかと。そこで癒されるというか、自分に染み込んでいくというか。自分で自分に納得するというか、今日の現状はこんな感じ、と客観的に見れるというか。一応書き込むということは伝えること前提だと思うので、独り言を書かれている方もいましたが、誰かに読んで、という気持ちで書く人が多いと思うので、〔そうすると〕整理して書くと思うので、それで頭の中が整理できたりしてるんじゃないかな、と思って。

――自分についても、そこに書いている人についても、多分、絶対答えてもらいたいわけではないけど、人に読んでもらうことを求めている？

じゃないかな、と。

――そうですねえ。でも、一応ディレクターさんは「全部読んでる」って書いてましたよ。

（ＫＹさん＠神奈川県、三十代女性）

最近のネットワークコミュニティの研究書ではほぼ必ずソーシャルサポートに関する章がある（例えば Tanis (2007)）。その知見によると、当初ネットワークコミュニティは匿名でやりとりすることからサポートにはならないだろうと考えられていたが、後に実態としてはむしろサポートになった、という報告が多い。匿名だからこそ、自由に深刻な悩みを書きやすい。身近な人には、例えば「介護が辛い」と言えば周囲の人に伝わるので自分の日常生活に影響が出てしまうが、知らない人だからこそ伝えることができる。海外の研究では、ゲイのようなマイノリティで差別に遭いやすい人がネットコミュニティを重要なソーシャルサポート源としている例がある。

ただ、そういったネットワークコミュニティによるソーシャルサポートは通常、公的なサポートや、前述のようなマイノリティのコミュニティによるものが大半であり、「どうでしょう」の番組コミュニティのように、全く異なる目的のものは少ない。ましてや、テレビ番組の、というのは多分非常に稀だと思う。

またこの番組掲示板の場合、書き込む側にとって心理的距離があるから言いやすいというだけでなく、絶対に答えを求めているようなものではなかったのも特徴である。これは次の方も同じことを言っている。悩みがどの程度の深刻さであったかはわからない。しかし、少なくとも書き込むことで自分の中で整理がついたり、ほかの人の悩みを聞くことで落ち着いていく、というような効果があったようである〔書くことによる効果はPennebaker（1997）〕。次の方は、何回か心療内科にかかり、鬱などの診断を受けたことがある、という女性である。

——あの掲示板は何が魅力だったんだと思います？

私、それこそ見ていて〔自分のブログに〕書いたの〔記録〕があったんですけど、完全に心療内科みたいな感覚で見に行ってるんですよ。心療内科にかかるのって勇気いるじゃないですか。自分も心療内科に行くのにその一歩踏み出すのに勇気が行った記憶があるんですけど、でも掲示板見てるといろんな悩みを持ってる人に先生〔注：嬉野さん〕がコメント書いてるじゃないですか。それが何かしら自分に当てはまったりすると、これって〔私も〕受け取れるんだな～って思って安心したり。それは日記でもそうなんですけど。

——日記もそう？

はい。結構〔お二人が〕日記に書いてることについてのコメントを掲示板に書いてることが主なんですけど。でもBBS祭り〔注：DVD発売日の夜中から明け方に、購入した人が掲示板でその報告をすると嬉野さんがそれを掲示板に上げていく、というイベント〕は特別みたいなもので。だから今Facebookで先生たち〔注：両ディレクター〕が言葉を書き込むじゃないですか。それに対してみんながコメント書くっていう、それと同じような感じで、日記に先生たちが何かを上げる、それに対して自分が何か思ったことを掲示板に書き込むっていう。今は日記ほとんど更新されないですけど、見始めている時には毎日とかされているので、ま、日課ですね、日記を読むのが。

——え、毎日読んでたんですね、じゃあ。

はい、で、あ、今日更新されてないと思ったりとか。で、次の日に見たら、あ、昨日夜遅くに更新したんだな、とか。（中略）

——掲示板は心療内科みたいな感じだけど、心療内科に行くよりは勇気がいらない。そしていろんな人がいろんな悩みを書いているのでそれが自分にも当てはまる、と。

〔自分の〕ブログで知り合った人たちが結構書き込んでいて、それでその人たちが載っていて、あ、元気にしているな、とかいうことを確認していたこともあります。

——そのブログで知り合った人たちも悩みを書き込んでいた？

そうだと思います。ブログに書き込めないことでも、先生たちに匿名で書くということは楽だったりするのかもしれないですけど、結構悩みとかを書いていると逆に心配だったりとか。

——匿名なんですよね？

匿名です。でもブログやってて同じような名前でやっていたりとか。あとつながっているうちに、自分も書き込んでいるということがわかれば〔わかる〕。

——やっぱり悩み相談てすごく多かったんですね。

本当に先生が「悩み相談受け付けます」みたいなときもあるんですよ。だけどそれ以外にも、普段の日記の内容からとったりとか……。あと掲示板に書くのが日課になっている人がいて、その人は別に、日記のことだけじゃなくても、自分が相談したいことを書き込んでたりとか。あと本当に日常のことですよね、今日こんなことがあって、とか。

（SWさん@新潟県、四十代女性）

番組のレジリエンス効果については、現在では番組掲示板が直接関わるものではなかったと考えている（詳しくは第五章）。だが、ここで書き込みをしたことや両Dとやりとりをしたこと、他のファンの存在を知ったことがファンコミュニティ形成に寄与したことは確実である。ここでのやり取りを読み、あるいは直接的にやり取りしたことで、番組や藤村さんや嬉野さんという人に対して信頼感を醸成したのだろう。

間接的に聞いたことだが、嬉野さんは二〇〇六年に双方向、つまり悩みを聞いてそれに答えるやり方をやめたが、それまでの「お悩み相談」について、むしろ「（相談の回答を）受け取った側が価値を見出している」と話していると聞いて、嬉野さんはよくわかっているな、と思った。心理カウンセリングはこの立場が基本である。ロジャースの来談者中心療法という大変有名な手法がある。この手法ではカウンセラーはクライエント（カウンセリングを受けに来た人）に何かを指示したり誘導するのではなく、相手に共感し傾聴するのを基本とする。傾聴する人がいることで、クライエントは自分で語り、そのことで自ら解決を見出すことが可能になる。KYさんもSWさんも、回答自体を求めていたのではなく、聞いてくれる人がいることの安心感や、自分で書き込むことにより問題の整理ができたことを指摘しており、これはこの考え方と一致している。

このように見てくると、掲示板は匿名でありながら確かに視聴者の一種のソーシャルサポートになっていたようである。本書冒頭の、震災後にウェブサイトを見て泣いた女性も、弱いながらもソーシャルサポートの中にいると考えても良いかもしれない。「テレビ番組の掲示板が人を支えた」という不思議な現象は、どうやら確かにあったようである。

なお、お悩み相談とは別に興味深かったのは、広島のＲＩさん（四十代男性）の証言である。掲示板は嬉野さんが書き込みを読み、アップする作業が必要だった。ただアップできるのは一定数までだったため、嬉野さんは件数が急増すると、そう書き込んでいたらしい。「嬉野さんがそう書くと、掲示板への投稿はその上限あたりで急に減った」、とＲＩさんは懐かしそうに語っていた（このことは二〇〇三年二月七日の嬉野さんの日記にもある）。つまり、ファンの側が遠慮して書き込みを抑制したらしい。その辺もここのファンコミュニティの雰囲気を表している。言い換えれば、書き込み、またそれを読んだファンたちは、そんなところでも他の人たちの存在を感じ取っていたようである。

番組掲示板でのマーケティング——関係性を深める

掲示板のもう一つの重要な役割は、主に嬉野さんによるＤＶＤ購入のプロモーションである。嬉野さんはＤＶＤを購入してもらうには物語性が重要と考え、購入することを忠臣蔵になぞらえて「青屋敷」（販売したローソンのこと）への「討ち入り」と名付けたそうである（冒頭でも書いたが、こういった言葉の共有はファンコミュニティ形成の非常に重要な要因である。ちなみにファンを「藩士」というのはこの物語に合わせてファンが命名したとのこと）。実際、熱心なファンは発売日に予約したDVDを真夜中受け取りに行った。なぜそこまでしたのか。地方のファンでこの経験のある人たち（女性三人）に、なぜ夜中に買いに行ったりしたのかを尋ねた。するとうち二人は『『買いに行った』という報告を掲示板にすると嬉野先生が取り上げてくれるから』という。私は夜中に行くことで他のファンに会って他のファンの存在を確認する事が重要なのかと当初思っていたのだが、それもなくもないが、主ではないらしい。

——真夜中に「討ち入り」したことありますか？

あります。

——あるんですか！　今までこの質問をしてきたんですが、「討ち入り」って予約して買うことじゃないですか、ってみんなに言われて。

討ち入りは〔夜中の〕十二時に引き取りに行くことですよ（笑）。

——そうですよね。夜中に、いつ頃から行かれたんですか。

六本目が出た時から行ってます〔注：この人は六本目が発売される直前からファンになった〕。で、嬉野先生が必ずその日の夜にBBS祭りっていうのをやるんですよ。で、「討ち入った状況とかを書き込め」とか。で、先生がBBS祭りをやってる時はほぼほぼ〔討ち入りに〕行ってると思います。

——それ書き込んだんですか？

書き込んでました。

——それ何年くらいですか。

最初に私が「コメントをもらった」って書いてるのは二〇〇七年の九月二十六日のブログに書いてるので。（中略）「四回書き込んで三回載って、そのうちの一回コメントもらってる」って書いているんですけど。

——一晩に四回ですか？

はい。それを先生が更新するんですよ。百本ずつ。（中略）

——その後も討ち入りをしている？

その度にBBS祭りに必ず書き込みをしていて、基本必ず載ってます（笑）。コメントをもらっているかどうかは別として。（中略）おそらく〔車でお店まで〕運転していって、討ち入って、携帯からアップしてるんですよ。最初に「討ち入った」っていう連絡をして、うちに帰って「今から見ます」とか「本編見終わりました」とか、「今から副音声聴きます」とか。（中略）

——討ち入りを夜中にする理由は何だったんですか？

端的にBBS祭りに参加したい、というのがありました。そこが結局先生との交信できる可能性が高いと。普段の書き込みをしていても先生にコメントをもらえるかどうかは定かではない。でもBBS祭りの時はもらえる可能性が高かったんですよね。

——特にそこで誰か買いに来る人に会いたいとか、急いで見たいというより、それを買ってBBSに参加することが重要だったということ？

そうですね、周りに買いに行っている人がいなかったので、祭りに参加しているということは、そこに同じようなことをしている人がいっぱいいるということじゃないですか。それがちょっと楽しかったのもあ

正しい討ち入り

るかもしれません。

――他の人がたくさんいるのを感じるのが楽しい？

そうですね。

（ＳＷさん＠新潟県、四十代女性）

「買いに行くと取り上げてくれるから」というのは、これもＳＨＡＲＰさんのエピソードと非常によく似ている。講演会（二〇一七年十一月）での話によるとフォロワーはシャープの製品を買うとよく、「掃除機買いました」とか「シャープの電子レンジ買いました」という報告をし、ＳＨＡＲＰさんはそれに対してお礼を言ったりするそうである。お礼を言うのは業務的動機ではなく、前述のように「こういうＳＮＳがなければ直接お客さんにお礼を言うことはできないので」ということで、商店のセンスでやっているようである。その点、かつての商売での対面コミュニケーションに原点回帰している。消費者側は、そうやって商品を買うことを介しＳＨＡＲＰさんとの関係性を深めようとしているのだろう。

「どうでしょう」も、時代はずっと遡るが、ファンはＤＶＤ購入を掲示板で報告することで番組側とつながろう、言い替えれば関係性を深めようとしており、同型である。そしてこれもまたテレビの放送ではなくＤＶＤという形ある商品がなければ起こらなかった。商品の購買行動がお互いの関係性を深め、コミュニケーションに結びつく。番組がＤＶＤを最初に発売した時、「ＤＶＤプレイヤーはないけどDVDを予約しました」というファンが複数いたそうだが、それも同様の意味を持つ。この場合、DVDという商品の機能や効用が問題ではなく、極端に言えば商品はなんでもいいのである。商品の購買行動を通して番組側とつながる、具体的にはBBS祭りに参加できる、つまりコミュニケーションの機会を持てることが重要なのである。

掲示板でのコミットメント

さらにもう一つ説明を加えると（この番組はなんと社会心理学の現象の宝庫だろう！）、ファンが「○○を買いました」と掲示板に書き込むことは社会心理学でいうコミットメントという概念に当たる。コミットメントは「公約」とも訳される。自分が「○○を買いました」とネットで書くことは、自分がそれを好きであることを世界に向かって宣言することに等しい。社会心理学の説得的コミュニケーションの理論によると、人は自分の中で一貫した態度を取ろうとするので、仮に元は曖昧な態度であっても、例えば「私は安全運転をする人間です」と宣言させるだけで宣言しない時よりも安全運転をする傾向は高まる（チャルディーニ（二〇一四））。その意味では、DVDについて掲示板で書き込み（「私は買いました！」あるいは「買いに行ったけれども買えなくてとても残念でした」）をファンがしたことは、自分の態度を強固にする要因になったに違いない。もしテレビのレギュラー放送だけならそういったコミットメントは生じない。そして多くのファンがそうやってDVDを買うたびにコミットメントをした事が、結果としてファンコミュニティのロイヤルティをさらに高くしたと推測される。

番組掲示板に代表される、ネットを使ったコミュニケーションの役割について書いてきたが、近年ようやくテレビでもそういった実践が増え、後述のようにTwitterやInstagramを使って視聴者とコミュニケーションをする試みも出てきた（一一七頁）。ただ実際にはいろいろ難しいようで、学会では「ローカル局でネットを使った成功例は『水曜どうでしょう』しかないのでは」と言われているそうである（小原（二〇一六））。この議論が二〇一五年、後述のキー局での実践例も二〇一六年頃と推測されるので、その意味ではこの番組掲示板の活動と成功は、驚くほど先進的である。

難しい成功をものにしたのは書き手である両Dの個人の才能による部分も大きい。近年両Dは時折、本を執筆しているが、二人とも文才があり、文体もよく、もちろんユーモアもある。掲示板ではこんな書き込みもあった。

サロマの菓子職人
Name：ちあきのダンナ－2001/08/18（Sat）02:45
今回は本編はもちろんだが、D陣の書き込みはいつにもまして秀逸。
いつものは、藤村Dの書き込みでは「煽られ（あおられ）」嬉野Dの書き込みでは「諭される（さとされる）」そして自らの書き込みを省（かえり）みることもしばしば……「あーそっか、そういうこともあるな～」（略）

文章の魅力。そして視聴者に対して水平に、日常の地平から語りかけたこと。水平性と日常性はここにも現れている。

道内と道外のファンの違いとメディア

さて。道外のファンの話を先に書いたが、もともとレギュラー放送で見ていた、あるいは今でも録画はするにせよ主にテレビで見ている北海道のファンはどうなのだろうか。はじめに書いたが、道内はファンの数は多いものの、ファンの没入感や行動は道外と少し違っている印象がある。道内のファンは、イベントに合わせて道外からくるファンに対してむしろちょっと引き気味。「ディレクターをそんなに神のように尊敬したりしないよ」と言われたこともある。それは、道内ファンにとって出演者、制作者がもともと身近だというだけでなく、視聴経験の違いから生じている部分もあるのではないか。次のMTさんは現住所は埼玉県だが、北海道出身の古参のファンである。

――ファンにはいつなられたんですか？

九六年の十月、ですね。〔番組の放送の〕二回目ですか。

――おいくつでした？

当時は、七六年生まれだから二〇歳かな。

――大学生ですね？

そうです。

――それは見てすぐ好きになったんですか？

さっき「パパパパPUFFY」の話をしたじゃないですか。当時「ニュースステーション」見て、「パパパパPUFFY」を見て、その後「どうでしょう」だったんですよ。ずっと流れで見てる、というのはありました。

――「ニュースステーション」一〇時からですよね。「ニュースステーション」見て、「パパパパPUFFY」って遅かったでしたっけ？

で、それが終わった後に、「どうでしょう」が次にやっている、と。

――それはなかなかいい流れですねえ。「パパパパPUFFY」と「どうでしょう」ってつながってたんですか！

多分、道民的にはつながっていたと思います。

――「パパパパPUFFY」っていつから始まったんでしたっけ。私は「どうでしょう」の方が早いように思ってたんですけどそんなことないんですね。そうなんですか。

「ニュースステーション」からの流れは確実です。

――「どうでしょう」の前の番組の「モザイクな夜」は？

「モザイク」も一八歳の頃から、その時間は、水曜日友達と飲む日だったんで、家飲みを。なので、その流れでその時間帯の番組は見ています。

――楽しそうですねえ。家飲みで「どうでしょう」見るんですか！　いいですねえ。で、「モザイク」も見た、と。

「どうでしょう」が良かったのは、半分眠たくなって、お酒で気持ちよくなっていて、まともな思考回路じゃない時に見てしまうと、なんか楽しくて楽しくてしょうがなくて。なんかバカなことやってるって（笑）。

――あ、そうですか！　二回目ってことは、「サイコロ1」の後編ですか。そうすると毎週毎週ずっと見てた？

そうです。一か月の中で二回か三回家飲みをしていたので。外へ行って解散、っていうこともあったので全部ではなかったですよ。

――ご自宅だったんですか？

僕は自宅で、友達がアパートに住んでたので、そういうところに集まったりして。なので、昔ごみステーションに捨てられたもの、「粗大ゴミで家を作ろう」（一九九六）っていうのを、僕、本放送では見てないんですよ。で、「サイコロ」の2は全部見て。途中に昔、別の人たちがコントをやっている回があったので、必ずしもあれをやっているわけではなかった。

――でも何か愉しかった？

そうですね、見てて楽しかったです。

――他に何か印象に残っていることとかあります？

僕の友達が「雪面のトビウオ」（注：大泉さんが番組の中で履いていたスノーブーツ）を履いていたので（笑）。全く同じモデルを。東京靴流通センターで確か買ったと友達は言ってたんですが、「あれ俺のと同じじゃない」、って言って笑いました。（中略）

――人と番組の話ってしてました？

してました。あと、僕らが「どうでしょう」でいいと思ったのは、「カントリーサイン（の旅）」（注：当時北海道に二一二あった市町村の標識をカードにして引いて出た場所へ行った）とかをやってたときに、「ここ行こうぜ」っていうのを、行った場所に、カントリーサインを手書きで二十～三十枚作って真似ができる。あと、サイコロの旅を道内限定でやったこともあって、真似ができるというのが楽しかったってのがあります。お金はないけど暇はあるので。カントリーサインとサイコロはやりました。（中略）真似できてそれが楽しかった、っていうのはありました。

（ＭＴさん＠埼玉県（札幌出身）、四十代男性）

前半にあるように、道内でファンになった方は、自分の生活時間のリズムの中で一種偶然に定期的に番組を見るようになり、徐々に面白いと感じるようになっている。また特に道内では、「面白いと思った」人が、それを主に学校（高校、大学）でクチコミとして広めたことも多かったようである。番組内容の真似、例えばサイコロの旅を友達としたり、藤村さんや大泉さんの話し方を真似たり、ということも広く行われたらしい。この視聴の広がりはかつてのテレビ視聴の広がり方と共通である。レギュラー放送を同時視聴し、それについて次の日に学校や職場で話し、共感の共有が自然に起こる。

二〇〇四年から学校の先生になったんですけど、その頃友達と三人で「カントリーサインの旅」をしました。ただ、「どうでしょう」ルールでやると一生終わらないので、通ったところは通ったなりに塗りつぶして行く方式だったんですけど、夏休みごとに三年位かけてやったんで。

――すごいですね！

「カントリーサイン」の１とかで通った猿払村とか……こっからも近いんですけど。あ、ここここ、って行ったりしたことはあります。

――みんなやっぱりやってみたくなるんですね（笑）。

あとサイコロの旅もしましたし。

――あ、そう！

はい、大学生の時は車の免許も取ったんで、サイコロの旅とかはしてましたね。

――え、それ、サイコロの旅って深夜バスに乗ったりするの？

そこまではさすがに私はしてないです。やってる友達いましたけど。

――その場合のサイコロの旅はどこに行く旅？

道内で。自分たちでいくつか決めて、一つ位とんでもないところを書いて、みたいなので遊んでることはありましたね（笑）。

――好きですねえ（笑）。それは男の子三人ですか？

いや、女の子もいましたよ。時期的には、大学生の時は二〇〇二、三年位で、カントリーサインをやり始めたのが二〇〇五、六、七年位ですけど女の子もいましたね。


（ＩＴさん＠稚内市、三十代男性）

北海道の場合、現在に到るまで放送は常に行われているため、積極的に選んで見なくても番組に接することはできるし、周りにはおそらくかなりの数、番組を知っている人がいるので、共感の共有は一定程度は維持される。だから共感を共有できる相手を積極的に探す必要はない。これに対して道外地域、特に放送が限られていた九州などの場合、テレビ視聴ができない視聴者は、番組を知っても、まず視聴するためにネットやＤＶＤを自分で積極的に探し、共感の共有も、ネットやイベントなど、別の場所で得る必要があった。その場合に番組の掲示板は共感の共有の中心的ソースだったと推測される（模式図は図４）。

道民にとっての番組

もう少し道民ファンのインタビューをご紹介しよう。

――いつファンになったんですか？

九九年です。

――何やってる頃？

リターンズじゃなくて、本編はアメリカの頃だったんですね。高校を卒業したのが九九年三月で一浪してるんですけど、バイトをコンビニで始めたんです。深夜バイトで、そのころ「どうでしょう」一時くらいにやっていたので、パッとつけたらアメリカ横断してましたね（笑）。よく覚えてます。

――すぐ面白いと思いました？

何だろう、と思いました。（中略）

――そうするとコンビニでバイトを始めて、つけたらやっていた、と。どの位で面白いと思ったんですか？

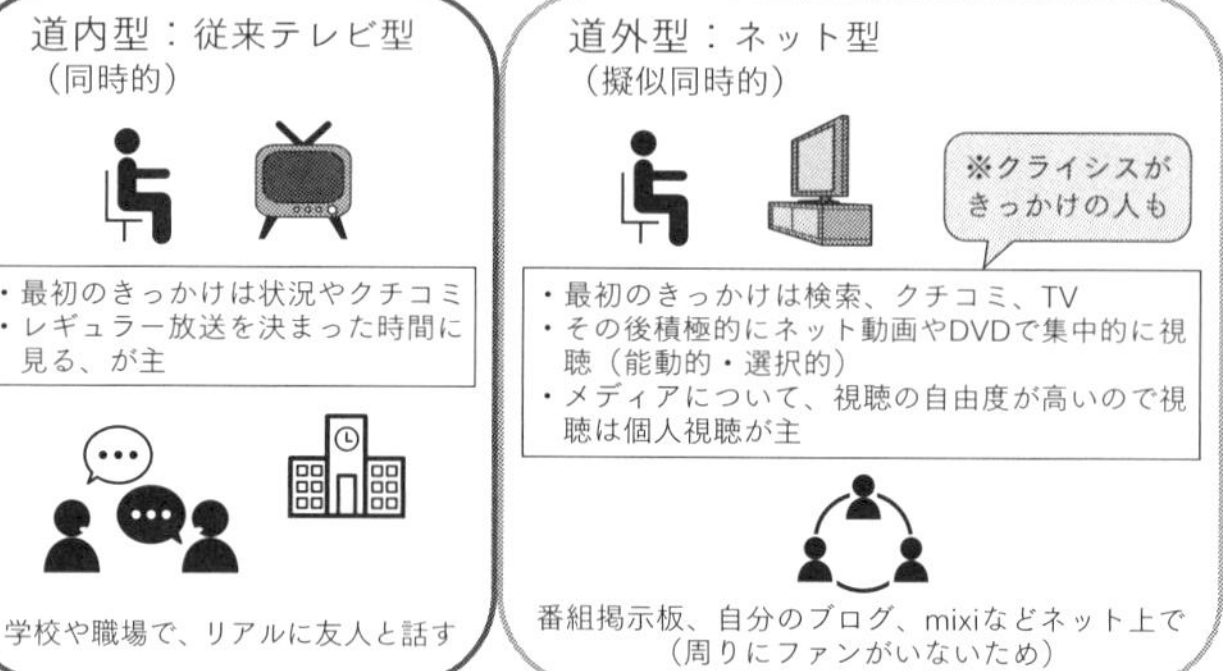

図４　視聴方法と共感の共有法の道内と道外の違い

注：これはモデルで、必ずしも全ての例がこうであるわけではない。

結構あっという間でした。

――それはどの辺が？

多分「どうでしょう」本体でいえばその当時から今も変わらずなんですけど、大泉さんや藤村さんの軽妙なトークなのかな、という気がします。それと、本編も一時頃だったんですが、しょっちゅうリターンズやっている頃だったので、サイコロの3とか4とか頻繁に見れてたんですよね。それを見ていて面白いな、と思ったところはあります。

――私はどうもリターンズと本編の関係がわからないんですが。

当時は相撲があるたびに「リターンズ」になっていたので、あらゆる企画がしょっちゅう見れてたんですよね〔注：番組の編集の時間等を取るためもあって、「大相撲ダイジェスト」があると新作ではなく再放送である「リターンズ」が放送されていた〕。昔の物も比較的簡単に見れて「これは面白いな〜」と思ったところはあります。

――本編が途中で切れることもあったんですか？

切れてたと思いますね、たぶん。「じゃあこの続きは三週間後」みたいな（笑）。

――他の人と「あれ面白いよね」みたいな話したりしたんですか？

私の高校の友達に後から言わせると、その人は高校時代も見ていたらしいんですね。それはサイコロ1、2くらいの最初の頃だと思うんですけど。でも九九年浪人してあまり友達もいなかったのもあり……二〇〇〇年に大学に入るんですけど、大学に入ってからは、結構二〇〇〇年という時期も時期もあって、「どうでしょう」の話は大学の友達と沢山盛り上がりました。

――「時期も時期」っていうのは？

北海道でOFFICE CUEが相当ブレイクしたのは二〇〇〇年位だと思います。一般的に広まったのは。

——えーと、「OFFICE CUEが」というのはNACSが売れたってこと？

えーとそれはちょっと言い過ぎかもしれないな。安田さんと鈴井さんと大泉さんがブレイクしたというのが二〇〇〇年位だと思います。

——じゃそれは本当に自然だったんですね。つけるとやってるから。「24時間テレビ」とか？

ちょうど九九年の十二月なので、見てました、見てました。

——どう思いました？ あれって今から見ると面白いんですけど、結局二十四時間やって、視聴率を上げるためにやった割には結局上がらなかったでしょ？

私二十四時間見ましたよ（笑）。

——二十四時間見たんですか!?

だって浪人生で暇だったし（笑）。ちょうど十二月だとセンター試験まで一か月半くらいの時だったので、勉強しながら見てました（大笑）。すごい大好きです、あれ。

——よくそれで勉強できますね（笑）。

（大笑）そうね、勉強してなかったのかもしれないですけどね。

——……まあ高校生の時はそういうものかもしれませんね（笑）。

（ITさん@稚内市、三十代男性）

北海道（札幌）では、レギュラー放送が終わったにしても、その後「水曜どうでしょう」は間断なく繰り返しずっと現在まで放送されている。その意味では、DVDを買わなくても、また積極的に探さなくても、番組は常に見られる。イベントにも案外行かない（偶然もあるが、私がインタビューした北海道在住の男性二人はいずれも「UNITE2013」には行きたかったがチケットが取れなかった、と言っていた。キャラバンなど、本州で開かれるイベントは逆に遠すぎるので行けないようである）。道外ファンが必ず行くHTBや前枠・後枠の撮影が行われた平岸高台公園は、通学や通勤路のそばにあるのでかえってとりたてて行かない、とのこと。毎週見ているうちにファンになる。次の日に学校でみんなと話す。話題になる。これはまさに、ドリフターズやひょうきん族のような従来型、つまり同時的で一回性で共感の共有の材料になる、というテレビ視聴の典型である。毎週欠かさず放映されているので道内の「どうでしょう」は今や一回性とはとても言えないが、初期はそういってもいいだろう。周りにファンがいなくて話もできない他の地方とは違う。

そしてもう一つ、北海道、特に札幌近辺のファンは、制作者や出演者、特に後者が身近にリアルにいる点が違う。ZKさん（@札幌、三十代男性）は中学から番組を見ていたそうだが「大泉さんの実家はうちの実家から数分で、番組にはうちの近くが映っていた」「同級生はNACSの某メンバーと付き合っていた」「嬉野さんはうちの前の会社にぶらっと買い物に来て、その後ノベルティなどをもらったりお返しをしたりした」というように、日常生活のそばに制作者や出演者がいて、良くも悪くも番組外の情報も入ってくる。その意味で、自然に心理的距離は近い。

――基本的には「どうでしょう」は北海道民の物だったわけですけれどもだんだん広がったわけじゃないですか。二〇一三年のＵＮＩＴＥの時は結構本州から人が行ったという話なんですが、そういう、だんだん全国区になっている感覚は何かあったんですか。

一番感じるのはキャラバンをやっている愉しそうな様子を見るときかなあ、と思います。

――番組をやっている頃とかその後の辺でそう思ったわけではないんですね

「どうでしょう」に関してはあんまりないかもしれないですね。というよりは、道民の結構の人がそう思うと思うんですけど、大泉さんのことで、例えば東京で首都圏の電車に乗ったらドアの上とかにシールが貼ってあって〔注：二〇一七年末には大泉さんのリクルートの広告が、山の手線他多くの車両に掲出されている〕、私、先週東京出張であれ見つけたんですけど、そういう時に「あ、大泉さんもビッグになられて」っていうのは思います。昔、「本日のスープ」という歌を出したときに北海道中で大応援した、という伝説がありましたけど、今でもそれは思いますね。応援していると言うか、ああ、頑張ってるなあって感じ。

――やっぱり、近くにいた人がビッグになってる、という、やや身内感覚なんですかね。

ああ……そうですかね。（中略）寂しいな、というよりはドアの上のシール見て、おお〜、っていう感じの方が大きいです。

（ＩＴさん＠稚内市、三十代男性）

北海道のファンにとってやはりこの番組は「うちの番組」、内集団なのだ。「音尾さんが東京の番組に出たと聞くと、頑張ってるなあ、と思って嬉しくなる」（ＺＫさん）といった言葉が次々出る。情報量が多くて受動的にでも情報が入るだけに熱狂的とは必ずしも言えないが、それでもうちの番組だと思っているのが北海道のファンかもしれない。

キー局でのSNS利用の試み

さて、本章では番組掲示板でのコミュニケーションの重要性を指摘したが、まとめの前に、現在の主にキー局でのテレビ番組でSNSを使った試みを紹介する。二〇一七年十一月幕張メッセで行われた国際放送機器展2017では中日の十七日にInterBEE Connectedというセッションの一つとして「番組制作とネットワークコミュニケーション」と題し、番組広報にSNSを使った複数のディレクターによるトークセッションが行われた。登壇したのはNHK、日本テレビ、フジテレビ、テレビ東京のディレクター（所属は制作当時。なお年齢は三十代終わりから五十歳過ぎ位）で、企画者は民放連のシンポジウムに藤村Dを招いた境治氏である。それぞれ番組にSNSを活用している事例を紹介した。具体的にはLINE LIVEやPeriscope（Twitterでのライブ配信ツール）で副動画配信して視聴者に突っ込んでもらう（フジ「貴族探偵」）、ドラマと関連したTwitterを番組関係者がする（日テレ「恋がヘタでも生きてます」）、LINEとInstagramで情報発信する（NHK「あさイチ」）、FacebookやTwitter、Periscopeを使って夜の時間の中継をする（テレビ東京）などの試みが紹介されたが、いくつか興味深いことがあった。

まず一つ重要なこととして、SNSで情報発信し、視聴者とやり取りするためにはそのための人手が不可欠だという点である。かなりの労力がいるのでできれば専従の人材がいた方が良いようだが、予算が潤沢なＮＨＫは六人が合議で担当する一方、他局はかなり苦労しており、基本的には通常の制作スタッフのうちの一人、あるいはディレクター自身が当たることになるようである。だがそのことは通常の制作スタッフを減らすことになることから、その辺りがなかなか難しいように見えた。

もう一つ興味深かったのは、ＳＮＳでどんな内容をどうやって伝えるのか、という点。特にＳＮＳをどんな立場（視点）で発信するか、である。複数スタッフがいるＮＨＫは特定個人の視点や意見ではなく内容を話し合って発信しているという。一方他局は個人の立場で書く人（「番組の一番のファンとして書く」）もいれば、個人的なスタンスを避けて裏話などを代わる代わる書く、というところもあった。この話から見ても、Twitter などＳＮＳによる情報発信はパーソナリティを出した発信や、場合によってはキャラクター化が必須であり、それに対する対応を模索しているように見えた。

専従の人材をつけられない場合に制作者がどこまでＳＮＳで情報発信ができるかは人によるようである。司会の境氏の「今まで作り手は表に出るのを避けていたが、こういう時代だと作り手が出た方がいいのでは？」という質問に対し、もともと個人を出したコミュニケーションをしていないテレビの制作者たちは「自分はテレビマンだし、そこまで自分を出して情報発信をしたいとは思わない」という人から、やりはしたが三日間「いいね」をつけ続けた経験からその負担が非常に悩ましいという人、キャラをどう作るかが難しい、といったように立場の違いがかなり出ていた。

一方、番組制作に関わる面では、あるディレクターが、「ドラマの一クールは短い」という趣旨の発言をしたのが興味深かった。毎週一回放送し、一クール十二回のドラマだと、せっかく人気が出ても時間が足りない。具体的には週一回だと間に一週間の「穴」が生じてしまう上、時間的にドラマ周辺の話、例えば脇の人物に関する物語は出すことができない。そこでSNSやネットを使うことでそれを埋められないか、という。実際、当日紹介されていたノルウェーの国営テレビNRK制作のドラマ「SKAM」（二〇一五年九月にシーズン1スタート、二〇一七年六月シーズン4終了）ではテレビとネットを融合した手法で放送を行って成功したとのこと。後で調べたところ（COMPASS、二〇一八年七月検索）、この番組はドラマを構成する各シーンを個別に切り出して公式ウェブサイトの動画として見せると共に、動画コンテンツ（ドラマの中のやりとり）が放送されると、その日のうちにそのやりとりがFacebookのメッセンジャーとして公開され、また番組内で出てくるInstagramの投稿が、やはり公式のウェブサイトで公開される。したがってドラマはテレビで見ることができると共に、テレビより先に公式ウェブサイトで動画やドラマの筋に沿った番組出演者のSNS投稿が公開されることで、ドラマとドラマの時間的な間をウェブサイトが埋める、あるいは先行する仕組みである。この番組は世界的に成功を収めたとされるが、その理由の一つにこのインターネットとの融合がある。

こういったやり方は無論、従来のテレビ放送の手法とは違う。しかし、それを採用することで、視聴者に届けるコンテンツ自体が変わる。このワークショップではテレビの尺による制約という話題も出ていた。放送と放送の間をFacebookやInstagramのエピソードで結んでいくといったやり方はそういった問題への一つの解決法としても関心を持たれているようである。

ＤＶＤ化と掲示板でのコミュニケーション

「どうでしょう」に戻ると、この番組はＤＶＤ化することでテレビの尺の問題を克服した。また毎週決まった時間に放送することで生ずる番組と番組の時間的な間も、ＤＶＤなら生まれない。ただし代わりに生じてしまう発売の間のブランクを、ウェブサイトの「本日の日記」や掲示板で埋め、またそこで制作者が個人の立場で情報発信することを二〇〇〇年頃の段階から行ってきた。その意味では、現在のテレビのＳＮＳ利用の形を番組掲示板を使って先取りしている。最初のＤＶＤ発売が二〇〇三年であることを考えると、驚くほど早い。特にネットでのコミュニケーションはトークセッションで出てきたように、個人を出して発信できるかが一つの鍵だが、「どうでしょう」の場合、二人の制作者が共に個人を出した視聴者とのコミュニケーションをごく自然にしてしまっている（もっとも、「毎日書くためには書くネタがないので身の回りのことを書かざるを得なかった」と藤村さんが言っているのを聞いたこともあるが）。

前述のトークセッションでは、「ＳＮＳでのコミュニケーションは視聴率には直接結びつかなかったが、固有のファンを作ることができた」という実感はいずれの番組でも概ね共通していた。またある局では「ＤＶＤはそれなりに売れた」とも言っていた。この辺りも現在の「どうでしょう」のビジネスの形式と合致している。番組だけでなく、掲示板を通してのコミュニケーションがこの番組の成功と強く結びついていることの傍証とも言えるだろう。

ここまで日記や掲示板のやり取りが日常的だったことや、また道外での役割を強調して割合あっさりと書いてしまった。だが最後に、とはいえこの掲示板でのコミュニケーションは道内外のすべての視聴者にとって、そして番組関係者にとっても非常に大きい存在であったことを示す例を書いておきたい。レギュラー放送終了の際と、第一弾のＤＶＤ発売の夜のことである。

二〇〇二年七月、「重大発表」（番組のレギュラー放送が終了する）について、嬉野さんや藤村さんは事前に「録画しないでライブで見て欲しい」と呼びかけ、放送後は藤村さんがウラ話でなぜその決断に至ったのか、今後どうするつもりなのかの思いを長く書き連ねている（「本日の日記　2002/7/25」）。掲示板にはその一晩で数百件の書き込みがあり、アクセス数は十六万件を超えたという（200/7/26）（二十七日の書き込みの中には鈴井さん本人からのものも含まれていたそうである）。そして伝説の「最終回ではないただの第六夜」を経て、本物の最終回の夜には、日記によれば上げても上げても時間が進まないくらいの書き込みがあり、二十五日と二十六日にかけてアクセスは約五十万件。嬉野さんはこの晩徹夜で「死闘」をした、と藤村さんは形容している。そして番組終了後、アクセス数は逆に増え、一日約十万件あったという。二十七日にも「一向に減らない数百件の書き込みを読み続けている」とある。そして続いて、大泉さんの書き込みがある。鈴井さんのコメントがある。

またＤＶＤ第一弾の発売の夜（というか次の日の朝）（2003/3/5 5:51）にも、嬉野さんは「今夜は、夜通しみなさんの書き込みを読めてぼくは幸せでした」と書いているが、この晩、嬉野さんは途切れない視聴者からの書き込みを読みながら編集室で一人号泣したという。藤村さんも数日後（2003/3/6 16:37）に日本各地からの書き込みが並ぶと、「感動する」「目に浮かぶんですよ。それぞれみんなの姿が。」

と書いている。

私は無粋で凡庸な研究者でしかなく、これらのやり取りを名付ける言葉を持たない。ただ改めて読み直して、何度か参加したキャラバンで、ディレクターの二人がえんえんと長く続く藩士達にサインをし、一緒に写真を撮り、話をしていた姿や、寄合でそれぞれの人の話を聞こうとしていた姿が浮かんだ。

ネットができて初めて制作者と視聴者がコミュニケーションできる環境ができたのは確かである。だがこの番組でのこのやり取りは、「ネットがあるからコミュニケーションしよう」ではなく、作ったものを見てくれた人たち（藤村さんの言うところの「クラスメイト」）に純粋に話しかけ、彼らの話を聞こうとする動機が常に根底にあったように思う。そして、ここでのやり取りが飛び抜けて名高いものになった一番大きな理由はそこにあるように思う。読んだことのない方は、どうかぜひ『本日の日記』を読んでください。

さて最後にＤＶＤ化がファンコミュニティ形成の大きな背景要因だと考えるもう一つの理由がレジリエンス効果である。本章では説明しなかったが、番組を見て元気になるというこの効果は、番組を自由に繰り返し見ることで初めて生じる、あるいは回復するほどの効果になったと推測される（詳細は第五章）。だからこれもまた媒体のＤＶＤ、あるいはネットへの移行の産物と言える。

レジリエンス効果に入る前に、では肝心の番組コンテンツ自体はコミュニティ形成にどう影響したのか。そもそものめり込むほど没入するのはどうしてなのか。次章は番組コンテンツの点を取り上げる。

第四章　なぜファンは引き込まれるのか――身体性、声、臨場感

前章までに「なぜ繰り返し見られるのか」の理由には、コンテンツの身体性も影響している、と書いた。本章では身体性について、もう少し具体的に書く。またファンが番組に引き込まれ、まるで我が事のように番組を感じるという、番組への強い没入感や臨場感、ファンが感じる安心感がなぜ生じたのかを考えてみたい。とはいえ、もちろんクリエイターの観点ではなく、心理学的視点から推測したことである。実際にどんな工夫や表現からそれが生まれているかについての詳細には踏みこまない（し、残念ながらとても踏みこめない）。

さて、「身体性が高い」とは番組のどの部分だろうか。おそらく非常にたくさんあるのだろうが、ここではリズムとテンポ、声に代表される聴覚刺激、そして画角を取り上げる。特にあとの二つはファンが引き込まれるという没入感と、レジリエンス効果にもつながる安心感という点で非常に重要である。

番組のリズムやテンポ――編集の重要性

「水曜どうでしょう」はドキュメンタリーと言われることも多い。それは他の多くのテレビ番組のように事前のシナリオや計画通りに番組が作られていないからである。実際、その場その場のハプニ

ングを生かしていることが魅力であることはどうでしょう班自ら認めるところである。だが、当たり前だが実際には撮影してその流れのまま放送されている訳ではない。ドキュメンタリー的という言葉に当初私は惑わされていたのだが、実はこの番組では通常よりも遥かに編集が重視されていると思われる。クリエイティブオフィスキューの伊藤亜由美社長も「どうでしょう」の魅力の源泉の一つとして「藤村さんの繊細な編集」を挙げている（クリエイティブオフィスキュー（二〇一二）四七頁）。まず、この点をよく頭に入れておいていただきたい。なぜなら、一見乱暴そうにも見える（実際そう言った人もいるし、若者たちが番組を真似て撮影してみたりするのはそのせいだろう）が、おそらくは身体性が高く繰り返し視聴に耐えるのは、実は細かく繊細な配慮のある撮影や編集に基づくためだろうからである。ハプニングから大泉さんや鈴井さんが生み出す素晴らしい好素材はあっても、それを細部まで気を使いながら、リズムやテンポを作っているところが身体性の源になっていると推測される。制作者二人は「流れ」という言葉もよく使う。（藤村・嬉野（二〇一九））。藤村さんは「テンポよくだれず」を特に重視しているようである。

編集でリズムがどう作られているかは素人の私にはなかなか分かりづらかったが、卒業研究で学生がYouTuberの研究をするのに付き合い、ようやく多少わかってきた。おそらく動画編集を自分でしている人には既知で、稚拙な説明だとは思うが。

「水曜どうでしょう」は計ってみると恐ろしく一つのカットが短い。例の、黒い背景に白地の文字の画面がカットとカットの間に挟まれていることもあるが、一カットせいぜい数秒が大半である。

「どうでしょう」の旅では嬉野さんは基本的にはずっとカメラを回し続けているそうなので、その意味では撮影時間は長い。それが放送では四からせいぜい六回、一回あたり二十二分になっているのだから恐ろしく濃密に圧縮されている。編集について、嬉野さんは「流れを作って笑いに落とす」ということを講演で言っていたが、短いカットをつなぎ、主に大泉さんが作る印象的な笑いの場面に落としこんでいくのだろう。学生の卒論で比較したところ、「どうでしょう」のこの編集は、再生数がトップランクのYouTuberの動画編集と非常によく似ている。再生数の多いYouTuberの動画もまた各カットが非常に短いのである。だからネット時代にも有効だ、と主張する予定だったが、事実は逆だった。似ている理由は、どうやら有名YouTuber側が「どうでしょう」の編集手法を真似ているためで、YouTuberトラゾーさんのコメントで最近知った（藤やんうれしーの水曜どうでそうＴＶ「藤やんうれしーYouTuberはじめました」二〇一九年二月十八日公開動画）。多くのテレビ番組制作者には申し訳ないが、私は近頃ほとんどの番組を大概早送りで見る。あまりに無意味に長く感じるからである。だが「どうでしょう」ではやらない。多分編集でそういう「だるい」部分は削られリズムがあるからだろう。この辺は感覚的なものなので文学者や言語学者ではない私の手に余る。だがつけっ放しにしてもだらだらと長時間見られる、あるいは話の流れを知っていても何度も見られるのは、藩士がよく言う「マンネリが好き」だからというよりこのリズムが、自覚はされなくても視聴者にとってとても快感だからだろう。後日、やはり「水曜どうでそうＴＶ」で新作の編集について、藤村さんは「スーパーを出して消すタイミングは二秒」「でもYouTubeの動画は一秒なので最近はそれに倣おうかとも思っている」

どうやら感染（うつ）るんです

「最初の言葉によって、同時に出した方がいいのか、一フレーム遅らせた方がいいのかが違う」と詳しく語っており（水曜どうでそうTV、二〇一九年六月十五日公開動画）、DVD化の時にはその辺りをすべて揃えたそうである。「出だしの言葉（音）で字幕をどう出すかを変える」この繊細さはただ事ではなく、驚嘆した。藤村さんのこの繊細な編集が、視聴者の感じる、意識されない身体性の源で、これが何度も見たくなる大きな要因だと思われる。

また番組のリズムはどうも大泉さんの語りが一つの源のようである。この番組のファンは、大泉さんの語り（名言）や藤村さんの口癖のうつっている人が恐ろしく多い。「じゃ、じゃ、じゃ、じゃあ」という藤村さんの口調が、いろんなファンの方の口から出るのを私は何度となく聞いた。最初驚いていたが、どうもこれは単に何度も見ているというだけでなく、この独特の口調自体が落語の台詞回しや俳句の五七五のように、日本人が自然に持っているリズムにマッチしているため、無意識に模倣されるほど自然なのだろう。ちなみに、制作者のお二人も、制作者でありながらひどく座談や講演がお上手なのだが、特に嬉野さんはどうも大泉さんの語り口調がうつった節がある。「編集作業で何度も見ているうちに……」とご本人が言っていたが、この独特のリズムのある話し方は魅力的である。この口調もファンの中で共有されているものの一つである。

——（番組が通った場所に行った理由について）なんで行きたくなるんでしょうね？

共有したくなる。

――そうか。それは番組と、ですか？

えーっと、擬似体験というか、自分も「どうでしょう」の中で一緒に旅をしている気分になるというか。頭の中で藤やんのナレーションがちょっと流れるんですよ。で、ちょっと道に迷ったりするじゃないですか。「地図も読めないバカ」〔注：「サイコロ4」で藤村さんが大泉さんを評してナレーションで言った言葉〕とかいうのが頭の中に出てくるんですよね（笑）。（中略）生活の中に、何かどこかに「どうでしょう」につながる言葉があるんですよね。

――よく浮かぶ言葉は？

「それ魅力」〔注：「サイコロ3」に出てくる大泉さんのセリフ〕とか（笑）。もうあの、何かしらの時に、藤やん口調になったり、洋ちゃんのぼやき口調になったり、とか。実際、私、すごい方向音痴なので、「地図も読めないバカ」はかなりな確率で出てきます。

――この間、神奈川でしたけど、帰りに藩士の方達と別れようとしたら「じゃじゃじゃじゃあ」って言われて倒れそうになりました（笑）。それも一人じゃなかったですね。やっぱりそういうもんなんですね。

うちの主人の親戚に「どうでしょう」好きな子がいるんですけど、その子とメールするときは「どうも～」〔注：前枠・後枠という番組冒頭と最後の短いコントでの、青空シンクタンクという芸人三人組の出だしの言葉〕から始まります。内輪でないとわからない、でもちょっとツボる、みたいなのを楽しんでる。

（N－さん＠大分県、三十代女性）

彼女の話はコミュニティ形成という点でも興味深いが、この「言葉がうつる」は多くのファンが共通して言うところである。

嬉野さんは都市大での講演で次の比喩を挙げてくれた。「番組は『歌』に近いです。歌は、歌詞がわかっていても、何度聴いても飽きない。それに似ています」。確かにそうかもしれない。番組コンテンツの身体性のベースにこのリズムやテンポがある。それに四人のセッションが乗っかり、即興演奏のように要所要所で大泉さんの話芸が入る。

藤村Dの声

身体性のもう一つ重要な要素は「声」である。「どうでしょう」はラジオだと言う人がいるそうである。ただそれは主に語りが重要であることやラジオ的に筋書きがないことを指しているように思うのだが、私は声自体が非常に重要だと考えている。特に、画面に必ずしも映らない藤村Dの声が、番組の効果の上でも、レジリエンス効果や没入感の上でも非常に重要である。この番組は四人がいずれも美声でよく通るし、画面を見ず聞いているだけで確かに気持ちがいい。とはいえ、視聴者に最も強い影響を与えているのは恐らく藤村Dの笑いである（後で気づいて安心したが、実は大泉さんも同様の見解である（大泉（二〇一五））。

理由は二つある。一つは心理学的なもので、「声が感情を伝える」からである。藤村Dは番組内でとにかくよく笑うが、笑いは伝染しやすいことで知られる（例えば雨宮（二〇一六））。米国のコメディ

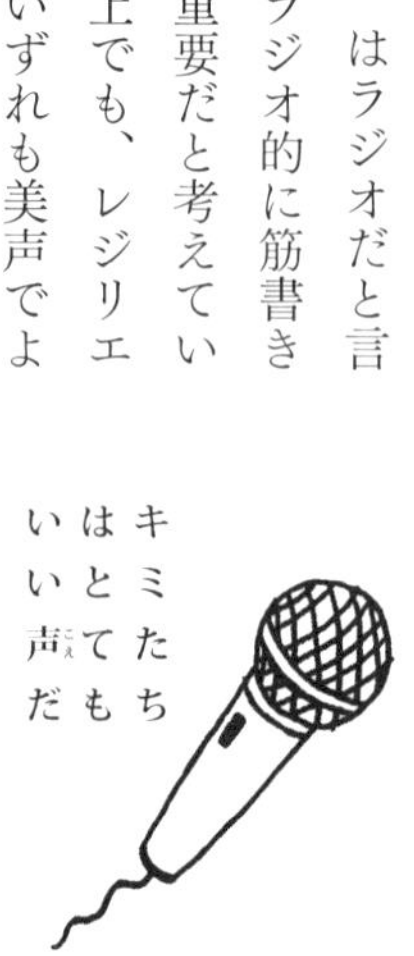

キミたちはとてもいい声だ

ドラマや日本のバラエティで流されるいわゆる「録音笑い」は笑わせるための古典的手法である。社会心理学でいう社会的証明、つまり「他の人も笑っているからここで笑うのは妥当だ」と感じさせる効果を持つ（チャルディーニ〔二〇一四〕）。藤村Dが笑い続けることも録音笑いと同様の役割を果たしているが、ただこの声はそれに留まらず、どうやら視聴者の安心やリラックスを引き起こす役割まで担っているようなのである。例えば藤村さんの声を聴いていると安眠できるという。私もやってみたが、確かに安眠しやすいのである。

副音声が結構楽しいんですよね。結果的に、色々と裏話をされたりとかもありますけど、それ聞きながら、……意外と寝れるんですよね。藤やんの声。

——落ち着くってこと？

寝つきが悪い時に、たまにかけっぱなしでDVDをかけたりするんですが。聞き慣れてる声だからかも。

——普通の番組じゃなくて副音声を聞いてると？

まあ他の人でも。藤村さんの声はいい感じに誘ってくると、自分〔にとって〕は。（中略）

——藤村さんの声って何がいいんでしょうね？　喋りの中身はあまり関係ない？

うーん、中身よりも声自体だと思います。ちょっとうまく言えない。かけてると寝ちゃうんです。

（NDさん@岩手県、三十代男性）

似た話は他にもある。次の方は風邪をひくと「どうでしょう」をかけるそうである。念のためだが、この人は別にメンタルに問題があるわけでも何でもない。

――「水曜どうでしょう」の癒やし効果って知ってますか。

癒やし効果。風邪引くと必ず「どうでしょう」見るので。

――え。そうなんですか。

具合悪くて、本当にふらふらのときに寝室のテレビでDVDをかけて寝るっていうのが定番です。

――それはなぜ。

安心するんですよね。なんでか分かんないんですけど。気付いたらもうDVDは終わってて、あのオルゴールの曲が流れてるんですけど、またDVD替えて、ろくに見ないですぐ寝ちゃうんですけど、なんかかけてると安心できるんですよね。

――それは、放送のほう? 副音声のほう?

それも特にどちらとも問わず。あ、でも放送のほうが多いです。

（MRさん@札幌市、三十代女性）

結果的に、こんな人も出てくる。

あの二人〔注：藤村・嬉野両D〕の話し声を、できればずっと延々と聞いていたいんですよね。であの、キャラバンに行った時も、朝から夕方まで二人で喋ってるのを聞いていても全然飽きない。何について喋ってるわけじゃないんだけど、可笑しい。飽きないですね。副音声を生で聞いてる感じ。「本人がいるじゃん、今日は」。「いつもDVDで聞いてるけど今日は本人付きの生だ」、って。

（A-Iさん@愛知県、四十代女性）

「安眠しやすい」「風邪の時安心する」はなんだか怪しい、神がかった（？）話のように思うかもしれない。だが実は変でも何でもない。安心する、については説明できる。

声は、他人の感情状態を知る上で非常に重要なのである。心理学では人の感情状態は主に表情で研究されてきた（初期の研究はEkman & Friesen（1978））。ただ表情は意図的に作りやすいので偽れる。コミュニケーションで他人の感情を知ることは重要だが、意図的に表情を作られてしまえばどうにもならない。そこで、人は代わりに声で他人の感情状態を判断している部分がかなりあるという。これは最初ソフトバンクのヒューマノイドロボットPepperの感情認識に取り組んだ光吉俊二氏（東京大学）の講演（二〇一七）で聞いた。Pepperに周りの人の感情を判断させるメカニズムを与えるとき、表情では誤認識が多くなるそうである。そこで、医者が診断時患者の感情状態の判断の手がかりに声を使うことを参考に、声を認識のリソースに使って成功したとのこと。つまり、声は比較的嘘なくその人の感情状態を反映しており、同時に我々はあまり意識はしていないが他人の声を聴いて声の主の感情状態を感じ取っている。

その後、確かに人は表情だけでなく声を手がかりに他人の感情状態を捉えているらしい、という研究も知った（虫明・岩本・大城（二〇一八））。これは、正確には、他人の表情だけ、声だけ（ただし言葉を発話）、表情＋声という組み合わせを実験参加者に与えて感情状態を推定してもらうとき、実験参加者のパーソナリティによってこれらの手がかりの使い方が違うということを明らかにした研究である。ただ、その際、各実験参加者がどの手がかりを使って相手の感情状態を知るのかをまず検討するため、本実験の前にそういった手がかり情報（声や表情）を与えた時の瞳孔反応（瞳孔の拡大や縮小。感情状態は瞳孔反応に現れると言われる）を測定している。すると、表情（笑ったり怒ったり）に対する反応より、声に対しての方が、瞳孔反応との関連が強いという。つまり、相手の表情だけの時よりも、声だけ、あるいは表情＋声の方が受け手に感情的反応が生じやすいことになる。とすると、我々が考えているよりずっと、他人の感情状態の手がかりとしての声の役割は大きいようである。

さて、番組での声、である。この話から考えるに、藤村さんの声は、笑っているというだけでなく、声質自体に藤村さんの安定した感情状態が含まれていそうである。藤村さんは「病的なほど楽観的」（本人談）だそうなので、その安定した感情状態が、声を通じて視聴者をリラックスさせる働きを持った可能性がある（実際には怖いものには弱いし、ストレスにも案外弱いらしいのだが……）。

そして藤村さんの声が一番効果が強そうとはいえ、同様のことは大泉さん、鈴井さん、嬉野さんの声についても言えそうである（嬉野さんの美声を聞く機会は残念ながら少ないが）。この番組の中で響く声は、馬鹿げたことを言ってはいるが、他の番組と違って神経質だったり攻撃的な響きはとても少ない。例えば「『夏野菜』の企画の時、何度も騙された大泉さんは本当に怒っていた」と藤村さんは副音声で言うし、確かに大泉さんはバックシートでふてくされてひっくり返っている。だがそれでも、声はそれほど怒っているようには聞こえない。驚くことに大泉さんは、本当にひどい目に遭わされてふくれながらも、声が尖ることはほとんどないのである。鈴井さんも同様である。鈴井さんは現実にはかなり礼儀に厳しい方だと聞くし、番組では怒ってもおかしくないと思われる場面もかなり出てくる。鈴井さんは番組の最初の方では「体制派」なので、このひどい目に遭う番組では怒っても当然だと思う。だが不思議なことに、なんだかそんな時にも鈴井さんからはかえってのんびりした声が出てくる。私の場合、なぜか鈴井さんを見ていると時々とても安心するのだが、それはおそらくこの辺りから出てくるのではないかと思われる。

そして声から感じるこの安心感は、おそらく四人の信頼関係からも生まれている。私は藤村さんが大泉さんを呼ぶ、「大泉くぅーん（大泉さぁーん）」や、逆に大泉さんが藤村さんを呼ぶ時の「藤村くぅーん」という言い方が好きだ。他方、HTBのスペシャルドラマ「チャンネルはそのまま！」（二〇一九）の藤村さんの台詞を聞いていて、ふと、このドラマでは藤村さんの声はそれほど安心感を強く引き起こさないな、と思った。それはもちろん台詞を言っているからだろう。それで思い出したのだが、私は大泉さんが他の番組（特に全国放送）に出演している時、「どうでしょう」に比べてなんとなく緊張している感じがして、大泉さんもきっといろいろ大変（?）なんだろうな、などと勝手に思っていた。だが、考えてみれば私の感じた緊張感の源泉は表情だけでなく声にある。これらから考えるに、「どうでしょう」での彼らの声から響いてくる安心感は、実はどうでしょう班自身が番組内でリラックスし、相手を信頼するからこそ出ている声ではないか。そしてそれが特に声から感情を敏感に聞き取るタイプの視聴者にとって非常に安心でき、心地良いものになっているのだろう。だからこそ、「安眠できる」「風邪の時に聞く」「彼らの声をずっと聴き続けていたい」という感想が生まれ、副音声だけでもずっと聴き続けられるに違いない（なお後日知ったが、大泉さんの全国放送での緊張は撮影方法による部分もあるらしく、「嬉野さんの顔を映さない撮影方法ではリラックスできる」とは大泉さん自身の分析だそうである（産経WEST、二〇一九年六月六日））。

声と番組への没入感

もう一つ、声に関わる興味深い見解は二〇一七年の秋田のキャラバンで聞いた。秋田のキャラバンは由利本荘というとても交通の便が良いとは言えないところで開催されたが、平日にもかかわらず、地元ファンが思い思いに会場のグラウンドに座ったり、準備してきた椅子に腰掛け楽しんでいた。何人か地元の方に話を伺った中に、五十代位の落ち着いた紳士がいた。この紳士は前が空いているのに、後ろで折り畳み椅子を広げて一人座り、午前中から終わりまでずっと楽しそうに聞き続けていた。「前に行かないんですか」と聞いたら「声が聞ける場所にいられれば愉しいんですよ」と言う。これをその後会った小岩井ハナちゃん（キャラバンの公式カメラマン）に話したところ、「藤村さんの声を聞いていると、番組の中に入ったような気がするんじゃないですかね」と言われてなるほど、と思った。確かに番組内での藤村Dはもともと姿が見えず声だけが常に響く。とすれば、その声が聞こえるところにいれば、番組世界の中にいるような気がするだろう。現代は視覚刺激に溢れているが、視覚刺激の弱点は方向性が決まっているところにある。つまり、目が向いている方向しか見えない。一方、聴覚刺激は常に三六〇度届く。ファンがどこにいようと、聴覚刺激、つまり声の届くところは遍く番組世界になり得るので、番組に入っている感じ、つまり没入感は高くなる。

そもそも声だけで聞くことが没入感を高める可能性もある。広瀬氏（二〇一七）は全盲の視覚障碍者として初めて京大に入学、現在は国立民族学博物館でユニバーサル・ミュージアムの研究と実践に取り組んでいる文化人類学者だが、もともと瞽女（ごぜ）や『平家物語』などの語り物の研究をしていたそうである。『平家物語』は本来、盲目の法師が琵琶の演奏をしながら節をつけての語りが主流で、瞽女も盲目の女芸人で、民謡や俗謡、説話系の語り物を弾き語りする。自身も中途失明の広瀬氏は自分の経験から、「物語は本で読むよりも声で聞く方が、共に旅をしているような気がする」とする。テレビや映画を見たり本を読んだりする場合、それらは見えるが自分とは離れた対象として見ることになる。だが声で聞く場合、例えば『平家物語』では平家の流浪と自分が共に旅をしている感覚が生まれるというのである。

ただ、私は「どうでしょう」の場合、「視覚刺激（画面）がありながら、聴覚刺激（声）が強い」ことが没入感を高めているように思う。例えば健常者がラジオを聞く場合、ながら聴取でノートを見ていれば視線はノートの上だ。その意味では、視覚障碍者と違ってどうしても見ている対象に影響される。「どうでしょう」の場合、聴覚刺激が強いにしても、画面があることによってよりその空間の中にいるかのような感覚が生まれているのではないか。そして後日、画面自体が、没入感を極めて高くする要素を持っていることにようやく気づいたのである。

画角による没入感と臨場感

番組を見たファンの人たちの多くは、「どうでしょう班と一緒に旅をしている感じがする」とよく言う（七七頁のインタビューや八七頁の掲示板の書き込み参照）。つまり、通常のテレビで言う没入感――物語の中に入り込んでいる感じ――が非常に強いのだろうと考えていた。しかし先日不意に、没入感という捉え方が少し違っていることに気づいた。

よくできた番組や映画で、物語世界の中に深く没入することは当然ある。例えば「ハリーポッター」の映画を見ることは、自分がそのファンタジーの物語世界の中にいる気持ちのするところが醍醐味だ。

ただ、「どうでしょう」は、この「没入感」と若干違っているのである。確かに四人と旅をしている気がする。だが、それは自分とは切り離された別の物語世界の中に没入しているのではなく、自分の世界とつながっている番組世界にいるような気がするのである。例えば藤村・嬉野両Dが Twitter界で有名な病理医ヤンデルさんとトークショー（二〇一九年五月十一日）をしたとき、ヤンデルさんが学生時代に水曜夜、札幌の居酒屋で呑みながら番組を見ていた時の話をした。その時、「どうでしょう」の番組の世界が自分のいる居酒屋からそのまま*つながっている*ような感じを抱いたという。これが「どうでしょう」のファンが感じる没入感である。それは普通のテレビ番組や映画の場合と違う。つまり、「向こう側の、自分とは切り離された別の物語世界」に没入しているのではなく、自分の世界とつながっている感じ。とすると、それはむしろバーチャルリアリティ（VR）での「臨場感」(sense of presence) に近いのではないか、というのが私の思いついたことである。自分がその世界につながったところにいて、手を伸ばすとそこにそのまま大泉さんがいる感じ。VRで言えば「表示空間と観察者の空間が融合した状態」（畑田（一九九一））。それが番組で四人と旅をしている感じではないか、と思った。

では、なぜそういう感覚が生まれるのか。内容的には、第六章で述べるように、番組が視聴者の生活する日常の場に近いところで撮影され日常とかけ離れた演出がないこと、またそこに時々声だけ出てくる藤村さんや嬉野さんが、現実に視聴者のそばにいること、も深く関係している。ただ、どうやらこの臨場感は画角から生じている部分が非常に大きいのではないか。そう考えてVRの研究などいろいろな本をひっくり返して調べた結果、どうやら正解らしきものを発見した。

視覚誘導性自己運動感覚（ベクション）

この番組はVRのRPG（ロールプレイングゲーム）のような感覚を生み出す部分が存在するのである。一番の中心は、この番組で有名な、出演者の二人が走る後ろ姿をえんえんと撮影するカブの旅の画面、あるいは「夏野菜」などに代表される、走る車のフロントガラスの内側から道の前方を映す画面である。これらは、共に知覚心理学でいう視覚誘導性自己運動感覚（vection）を生み出していると推測される。書籍（妹尾（二〇一六）、鷲見・中村（二〇〇五））を参考に簡単に説明しよう。

「視覚誘導性自己運動感覚」（以下、ベクション）とは、「実際には静止している（ないしは少しだけ揺れている程度なの）にもかかわらず、視覚情報によって身体の移動感覚が引き起こされてしまう錯覚」（妹尾（二〇一六）三〇頁）である。定義では「視野の大部分に一様な運動をする刺激が提示される時に、その運動と反対の方向に自分の体が移動していくように感じる現象。なお、この間実際の体の移動は伴わない」（同書、同頁）。人間にとって「自分の身体が移動している」感覚は、手足の運動感覚や耳の中の前庭で感じる重力・加速減速感覚、体で風を感じる触覚・皮膚感覚、そして聴覚、視覚に基づいて生み出されるが、ベクションは、視覚のみに基づいた自己運動感覚である。

難しそうに聞こえるかもしれないが、我々はベクションを日常的によく経験している。例えば映画「スターウォーズ」のワープの画面では星が中心から外側に動いていくが、それによって、逆にまるで自分が星の散らばる中を前進していくような感じがする。もちろん実際自分が動いている訳ではなく、目前には二次元のスクリーンがあるだけなのだが、そんな知覚がベクションである。停止している電車に乗っている時、隣の電車が動き始めると、自分の乗っている電車が逆向きに動き出したかのような錯覚も同じである。

ベクション研究で有名な九州大学芸術工学研究院の妹尾武治先生の研究室のサイトのアニメーションのデモがわかりやすい（http://senotake.jp/demo.html）。ベクションは画面の中心を見る中心視ではなく周辺視で強くなるので、このデモ画面でも画面の周辺を動かすレイアウトになっている。またベクションが強いとコンテンツの魅力度は増す、という報告（井岡・田中・松隈・妹尾（二〇一八））もごく最近発表されている。

妹尾研究室で掲出している図5の上の図、「どうでしょう」のカブの場面（下の図）の画角とそっくりではないか。またフロントガラスから正面を映している画角とも共通している。もちろん「どうでしょう」はアニメーションではないし、実際車で前に進んでいるのだから当然ではないか、と思うかもしれない。しかし、この映し方をしているからこそ、視聴者には自分の身体が動いている感覚であるベクションが生じているのだろうと推測される。VRの臨場感には、大画面になるほど効果が大きくなるという広視野効果（畑田（一九九二））があるが、番組でも画面全体で捉えられている。また画面の周辺部分が動いている状態なので、周辺視である。嬉野さんの映し方は、車のフロントガラスから映す場合も正

図5　ベクションの例と「水曜どうでしょう」の画角
出典：上の図は九大・妹尾研究室のサイトより許諾を得た上で転載。下の図は「水曜どうでしょう　原付西日本の旅」より（提供：HTB 北海道テレビ）。

対、「四国」のように後ろの席の大泉さんを映す際も、やはりかなりきちんと正対して両側の窓がうつる形で撮影されてそのままじっと動かないのでベクションを生み出しやすいと推測される。しかも、その時間が驚くほど長い。似たような映し方をしている他の番組（多分「どうでしょう」を真似ている）とも比較したが、画面が斜めだったりカメラを前席や後席の出演者の顔に振ったりするので、この効果はほとんど生じない。

自分の身体もまた、番組に映されている車とともに動いている。そしてそこに見えない同乗者の声がかぶさって聞こえる。だからこそ、自分もまた一緒に旅をしている感覚が強くなるのではないか。この映し方は一人称のＲＰＧの画面とそっくりで、視聴者はその中に入り込んで旅をするのである。初期の企画の画面では必ずしもここまでまっすぐに写してはいないのだが、この傾向は後になるほど顕著になる。

一人称ＲＰＧ「水曜どうでしょう」

実はそう思ったら一人称ゲーム的な部分を幾つか発見した。「宮崎リゾート満喫の旅」（一九九七）で、出演者二人が豪華なディナーを食べているところで藤村Ｄが手前側に据えられたカメラの後ろ（手前）から画面の中に出て行き、美味しそうなパンを取って消えていく場面は有名だが、その次の「韓国食い道楽サイコロの旅」（一九九七）でのサイコロ代わりの「全員食えない。」「大泉食えない。」というカードは、カメラの手前下からにゅっと出された藤村さんの手で画面の中心に広げられる。手自体は視聴者の手ではないが、しかしこういった場面もゲームによくあり、プレイヤーがゲームに臨場感を感じる演出である（そもそも考えてみれば、「サイコロで出た目に従って動く」というルール自体がＲＰＧゲーム的である！）。

それ以外でも臨場感を生む要素は多い。企画発表で出演者を撮るとき、カメラの横に藤村Ｄがいて語り掛けるので、初期を除けば出演者はカメラ目線ではなくカメラの隣を見ている。だから、視聴者にとっては「隣に立っている藤村Ｄ」と半円でその場にいるような気がする（その意味では、視聴者は嬉野Ｄと一体化している部分がある）。「サイコロ１」や「韓国食い道楽」では、ひどい目に遭った大泉さんがカメラに恨めしそうな目を向けるが、それは見えないマスの視聴者に向かってではなく、おそらくカメラを回している嬉野Ｄに向けられているものであり、視聴者にとってはひどくリアリティのある目つきである。人と人との間の距離である対人間距離はその人に対する心理的距離と関連するので、意識はされなくても人にとって非常に重要な情報である。この番組ではズームを使わず、カメラを持つ嬉野さんは対象に直接近づいていくという。それはテレビ制作的には普通ではないことなのかもしれない。だが、そのように実際に生身の人が近づいていくことがおそらく無意識に出演陣の表情や心理に表れ、通常よりずっと生態学的に自然な状態になっており、それがまるで嬉野さんと一緒に大泉さんに近づいていくような感覚を生んでいる可能性もある。

最近では車内に固定カメラを据えて車の中を映す演出の番組も出てきたが、固定カメラでは同乗感は生まれない。なぜならカメラがあまり揺れない、あるいはいかにも車に固定されている風にしか揺れないからである。それに対して、車に乗る嬉野さんのカメラは、車の動きに伴い揺れる嬉野さんの体の動きに沿って自然に揺れる。本来、視線というのは何もしなくても揺れているものなので、それはとても自然である。VRでは平衡感覚（揺れ）も、臨場感を生む要因と考えられている（寺本・吉田・浅井・日高・行場・鈴木（二〇一〇））。自分が乗っている時と同じような振動を視覚的に感じるとき、視聴者は意識はしないにせよ、やはり強い臨場感を感じるのだろう。

ベクションに代表される、こういった様々な映し方による効果が視聴者の、他の番組にはない臨場感を生んでいると推測される。ネットには似たような映し方の動画がいくつもあるのでそれらも見たが、臨場感が全く違う。画面が多少似ていても、この映し方は真似ができない。次の項で書く認知負荷の低さも、おそらく嬉野さんの画角が生んでいる。嬉野さんは直感で「気持ちの良い」画面を撮っているそうで、あまりその辺を言語化してくれないことが多い。しかしこうやって気づいて見ると、この画角が「どうでしょう」という番組の特別な魅力に寄与した部分は実は非常に大きいのではないか。

私の事はもういいから

画角と笑い

私が視覚的なことに強くないこともあって画角の特徴を捉えづらかったのだが、前述のように、最後の段階になって嬉野さんの画角が視聴者の見え方に影響している部分が非常に大きいことに気づいた。思い返してみればインタビューの中でも画面が特徴的であることを指摘した人は案外多かったのである。ＫＩさんはご自分でもお芝居をしていたことがあるそうで、その経験からこの点を語っていた。

——番組がなぜ好きかということについて。撮り方とかテーマとか。

嬉野さんのカメラは好きですね。カメラワーク。

——撮り方。それは動かさないっていう?

出演者を撮らないところ（笑）。たまに寝ちゃうとか。彼なりの、あの、嬉野さんはどんな場合でも常に日常を考えてるような気がします。どんなハプニングだらけの時でも、なんとなくそこに日常を探してる気がします。

——ふーん。寄らないって言ってましたよね?

ズームしないです。「普通のバラエティとか普通のドラマだったらここでこれをアップにする」っていう時に行かないですよ（笑）。そこの……なんだろう、今まで見てきたような、「あ、ここ寄るでしょう」「ここはこれ撮るでしょう」っていう時に裏切られる感じが面白い気がします。普通ならこうアップにするじゃないですか。で、もの食べてる時も別撮りで食べるものがあったりとか、美味しいって言ったりするとその人にアップするんですけど、それ一切ないじゃないですか。（中略）それがなんか見てて楽しい、のかな。（中略）あと意味もなく洋ちゃんをアップにする。そこまで顔を近くにしなくても、って時あるじゃないですか。そうすると洋ちゃんのお母さんが「うちの洋はあそこまで、もっと可愛いはずなのにあそこまで酷く撮らないで」って言うんだとか。（中略）自分も一緒に見てる感覚になるじゃないですか。走っている前にある風景が見えて……確かに箱根駅伝じゃないんだから別に……と思うんだけど、でも普通のキー局だったら出演してるんだから、出演料を払ってるんだから、じゃあ出演者の顔を映さなきゃ、って思うから前から撮るじゃないですか。

（KIさん@神奈川、五十代女性）

テレビ制作の学校に通っていたMMさんも同様に、嬉野さんの撮り方はテレビの決まった作法ではない、と言う。

なお画角を固定するのは映画的手法らしいが、笑いを生み出す上でも重要そうである。萩本欽一と、長年テレビの構成作家を務め笑いの大家とも言える小説家の小林信彦との対談（二〇一四）に、三木のり平と八波むと志の舞台の話が出てくる。両氏はその舞台がとても面白かったという話で盛り上がり、それが残っていないことを惜しむが、映画ではつまらなかったという話でも両者は共感する。

萩本　あの～、なぜ舞台でやったことが映画で笑えないかって言うと、笑える場面をアップで撮ったりするから、ぼけとつっこみの位置関係がわからない。顔が好きな監督は顔ばっかり撮ったりするでしょ。でもそれじゃ空気感が伝わらない。定点で観ないでカットを変えたりすると、あの舞台の空気はぜったいに映らないですね。

小林　あっ、そうだ。テレビ局があの舞台を正面の客席から録画したことがあった。

萩本　あぁ～、あるんですね、映像が、そういう撮り方の方が、八波さんとのり平さんの位置や空気感が伝わりますね。
小林　うん、映画よりずっといい。どこかのテレビ局で放送したのを観たんだけど、客席の笑い声も自然に入ってるし、やっぱり面白かった。

（小林・萩本（二〇一四）八章「劇場で笑う楽しみ」）

これを読むと、定点で撮ることが「笑いの空気」を捉えることにも合っていることがわかる。同様のことは落語についても言われている。落語はテレビに向かないと言われていた。その理由は、何人もの役割を演じ分ける噺家は、身振りなどで聴衆の視線をうまく誘導して物語の世界を作るのに、前述のような強制的なカメラの振り方だと視線がカメラに支配され、これが生まれなくなるためだろうと推測される。

認知負荷が低い理由

さて、画角についてもう一つ心理学的な指摘をしておきたい。この画角が「見やすい」、つまり認知負荷が低いと推測されるということである。すでに書いたようにこの番組は「だらだらと長時間見られる」。特に、鬱などの心理的問題を抱えた人たちは口を揃えて、鬱の時他の番組は見られない、と言う。この番組だけが見られる理由の一つには、後述するように「人を傷つけない」笑いや、「計画通りに遂行しようと頑張らないけれども、必ず何らかのゴールにたどり着く」にもあるだろう。だがそれだけではなくて、そもそも番組自体が表現として認知負荷、つまり認知的に処理すべき情報の負担が小さいのではないか。実際、メンタルに問題があるときでも、他の番組は話が頭に入らないが、「どうでしょう」だけは自然に話に入っていけるのだとも聞いた。

ではなぜ認知負荷が低いか。可能性は二つくらいあるのではないかと思う。一つは顔をあまり映さない撮り方や、いわゆる「カメラ目線」でない出演者の映り方が、鬱状態の人にとって心理的負担が少ないのではないか。すでに何度か書いたが、人間にとって顔や目は他人の感情などを知るうえで非常に重要なため、他の視覚パターンとは独立に、顔に対する独自の認識機構が存在しているという見方が有力である（Ellis & Young (1989)、遠藤（一九九三））。これは、古くから新生児が顔パターンに対して特別な反応を示すことが知られていること（Goren, Sarty, & Wu (1975)）や、神経症の患者で顔だけが認識できない相貌失認の臨床例があるからである（少し古いが、神経科医オリバー・サックスの『妻を帽子とまちがえた男』（二〇〇九）は相貌失認を紹介するわかりやすいエッセイである。表題の患者は相貌失認で顔だけが認識できなかったため、自分の妻を帽子（！）と間違えてかぶろうとした、というエピソード（現実の事例）が出てくる）。

私自身の研究上の経験でも、歩きスマホ防止のポスターを見る人の眼球運動測定をしたことがあるのだが、視線がどこに集まるかと言うと、どのポスターでも顔があるとまず顔に集中する。それは驚くほど明白である。そんなふうに自動的に視線を集めるほど、顔というのは重要らしい。ただ逆に、それだけ顔は情報量が多く、しかも感情のように対人関係に関する情報を伝えるだけに、それを見る心理的負担が大きいことも想像される。改めて見ると、通常のテレビ番組はとにもかくにも出演者の顔を映し、しかもズームアップするので、バラエティでひな壇に芸人が並ぶような番組などは、ますます心理的負担が大きいだろう。さらに、非言語コミュニケーションの上では視線も非常に重要なのだが、そのためか、鬱や発達障害の方はアイコンタクトが少ないと言われる。「どうでしょう」は視聴者に向けたカメラ目線は初期を除くと相対的にかなり少ないことから、こういった人たちには心理的負担が小さいのではないか。

もう一つは、すでに書いたように嬉野さんの、ズームを多用したり、発言する出演者の顔にいちいちカメラを振らず、時には固定した撮り方が、我々が日常生活で目にする見え方に比較的近い自然さがあるのではないだろうか。また、通常のテレビ番組では画が主、音が従であるのに対して、「どうでしょう」では、絵があまり強く自己主張しない。視覚刺激は我々の日常生活でおそらく主要な刺激だが、それだけに負荷が大きい。通常の番組はそういった過負荷な状態にあるため、疲労している人やメンタルに問題がある人には見るのが難しいのかもしれない。

このあたりについては、まだ確定的なことは言えない。しかしこうやって見てくると、「どうでしょう」の大きな特徴、例えば「長時間だらだら見られる」「鬱でも見られる」「一緒に旅をしているように感じる」は、実は画面が寄与している部分が非常に大きいように思う（ちなみに、「初めてのアフリカ」は嬉野さんが撮影しているが、遠くの動物の撮影に中心があることと、マイクロバスで比較的大きいせいかあまりベクションが起こるような場面がない）。

この部分を書くのと並行して、私は番組の録画ビデオやＤＶＤで複数の企画を、音を消して早回しで眺めてみた。カブの旅はもちろん見事にベクションが起きやすい構図が続く。しかしそれ以外でも、例えば「四国八十八ヵ所」では大泉さんがバックシートにいるときには正対し、それ以外は主にフレームの見えないフロントガラスから広々と、四国のなんということのない街並みの間の道と前を走る軽トラックをえんえんと映している（図6）。バックシートから映す時も、藤村さんと大泉さんは映ってはいるが後ろ姿で顔はほとんど見えず、画面の主役はむしろ前の道である。山中を歩いている時も、嬉野さんのカメラは大泉さんの正面の顔を映さず、後ろからついていく。私は「四国」がこれまでそれほど好きではなかったのだが（一つには車酔いしそうな気がするからだが）、こうやって見ると、確かにあのどことなくのんびりした雰囲気の四国の道を、自分も同乗して旅しているような気分を味わえる。

図6　同乗感のある画面
「水曜どうでしょう。四国八十八ヵ所」より（提供：HTB 北海道テレビ）。

自伝的記憶？

そして、もう一つ。これはかなり妄想に近いかもしれないが。

この番組を見ている人たちは番組を改めて見るとき、「まるで家族アルバムで一緒に過去に経験したことを見るように、番組を見て一緒に笑う」（KSさん@京都府、二十代男性）。そういう共有感も、ひょっとするとこの一人称RPG的な臨場感から生まれているのではないかと思った。顔認識について独自の認識機構があるのと同様に、人間は「自己に関わること」は脳の特定部位で処理していると言われ、その代表格が自伝的記憶である。自伝的記憶とは「人が生涯を振り返って再現するエピソード」（川口（一九九九））であり、それが特に「私」にとって重要な意味を持っていることがポイントだとされる。番組で経験したことが次章で述べるようなクライシスからの回復であり、かつ番組が一人称RPGのようにあたかも自分の経験したことであるかのように認識されているなら、通常の単なるエピソード記憶とは異なり、自伝的記憶となっていてもそれほど不思議はないかもしれない。……さすがにちょっと考えすぎかもしれないが。

一人称RPGという表現で番組を茶化すつもりはない。この、通常とは異なる、自分も一緒に旅をしている、一人称ゲームのような臨場感が、多くの視聴者を気づかぬまま惹きつけており、クライシスになった人たちをも元気にしていく一因であるからである。無数の工夫や技巧がこれを生み出しているのだろう。

私はちょっとした幸運で、藤村さんと嬉野さんがお芝居の稽古をしているところを見学させてもらったことがある。時代劇で、嬉野さんは講談師役を務める。途中、藤村さんが演出のため嬉野さんに声をかけ、「ここでは○○がほしい」と細かい指示をしているのを見た。詳細は省くが、思いもよらず、非常に繊細な指示だった。二人ともとても真剣だった。また、「どうでしょう」全集を一緒に見るイベントの時も、「この場面はこの画面でないと」という会話を頷きながら交わしているのを何度も見た。ベクションに代表される臨場感を生み出す要素に気づいたとき、不意に思い出したのは彼らのこういった会話である。きっと、夜遅くに彼らが番組やＤＶＤのために編集してきた長い長い時間、藤村さんと嬉野さんの間で何度もこういった会話があったに違いない。番組の魅力は、当然出演者の力が大きい。だが視聴者の臨場感を生み出しているのは、この制作者二人の撮影方法や編集による。私はこの臨場感がなければ、これだけ多くのファンはついてこなかっただろうと思う。またそのことがなければ、番組を見て癒される、などというファンもいなかったと思う。

番組の成功は、「繰り返し放送したから」「幸運だったから」と言う人もいる。だが私には到底それだけとは思えない。笑うバラエティだし、一見雑そうにも見えるので気づきにくいが、この臨場感は細かい繊細な配慮で初めて出てくる途轍もないものだと思うのは、私がファンだからというだけではないと思う。

第五章　「番組で癒される」——レジリエンス効果のメカニズム

番組を見て元気になる

　さて、いよいよ「癒し効果」の話である。番組を見て元気になった人が多いという話は昔からあると聞く。私が番組に関心を持った契機も、東日本大震災後、番組を繰り返し見ていた人たちの存在が大きい。ただ震災後は、この番組に限らず、様々な芸能人が被災地を訪れた。だから被災したファンがこの番組を見たのもそういった類いの延長だろう、と最初は思っていた。だが、インタビューを始めて、もう少し別の要素があることを知った。まえがきに書いたように、災害に限らずそもそもこの番組のコアなファンには、「番組を見てクライシスから立ち直った」と言う人が恐ろしく多いのである。既出のＫＩさんはとても朗らかな女性だが、聞いてみるとこんな話をしてくれた。

——「番組を見ると癒される」って言われてるんですけど、なんかそういう経験ありますか？

ありますね。まあ、なんか一番人生で辛い時に見て、笑えて。「あ、こんな状況でも人って笑えるんだ」って思いました。

——具体的にどんな？　言いにくい？

うん。

――そうですか。それはもう「どうでしょう」好きだったんですか？

あ、それがＴＶＫで初めて見た時です。

――そうですか。え、最初に見たとき？

うん。その時に、もうめちゃくちゃ「ガ～ン」ってなってる〔ショック受けてる〕時に、「四国」で笑えたんですよ。あ、こんな状況でも人って笑えるんだって思って。彼らが自虐的なことをするじゃないですか。選んで自虐的な方向に行くのが、そこが救われるのか。後は、それとはまた別の時で、父が難病で、ずっと寝たきりじゃないけど〔そういう時が〕あったんですけど、突然亡くなったりした時も、笑えるんですよね、これ見ると。そんな時でも。

――それは選んで見た？　テレビでやってるから？

両方あったかもしれないです。

――選んで見るとしたら何を見ます？

「夏野菜」。「夏野菜」か「対決列島」。

――やっぱり好きなものですね。

「北欧」は見れないです（笑）。

――あ、あれは結構辛いですよね〔注：「北欧」こと「ヨーロッパ・リベンジ」（一九九九）では北欧の美しいが変化のない風景の中をえんえんと走っているうち、大泉さんが精神的なバランスを崩す場面がある〕。

「四国」も嫌かな～。洋ちゃんが実際におじいさんが亡くなってるし〔注：「四国八十八ヵ所」（一九九九）の途中で大泉さんの祖父が亡くなり、このロケは唯一、途中で一時中断している〕。そういうの知ってると見れないですね。

――やっぱり彼らがやられるっていう……？

自分もやられてるけど、もっとやられてるやつがここにいる、みたいな（笑）。

（ＫＩさん＠神奈川、五十代女性）

念のためもう一度書くが、私は奇跡にも宗教にもスピリチュアルにも全く興味がない。ただ、心理学的にこういう現象があり得ることだと推測しているのでそれを書きたいと思っている。男四人で、旅をしながらしょうもない口喧嘩をしたりボヤいたりのお笑いバラエティを見てなぜクライシスから立ち直るのか不思議だが理由はある。インタビューの対象者でも付表のように半数以上が何らかの形でこういった経験があった。まずクライシスに遭った方のインタビューを三例紹介する。

クライシスからの回復１（ＡＩさん＠愛知県、四十代女性）

二〇一一年位から一度すごい鬱病になって、で、一年くらい仕事休んでたんですけど、偶然YouTubeを見てたら「どうでしょう」（いわゆる違法動画）を偶然見つけて。で、もうめちゃくちゃ面白くて。で、YouTubeで見始めたのがその頃です。（中略）

――それは仕事上の理由ですか、鬱になられたのは？

そうですね、まあ。変な働き方をしていたので。朝三時に出勤して、っていう形で仕事をしていたので。なんかもう、おかしかったです。その頃、看護師の施設の管理者をしていたので、夜勤とかではなく、朝というか夜、早朝に行って、事務仕事をして、って感じで。

――YouTubeで見たのはなんだったか覚えてます？

どれだったかは覚えてないんですけど、原付だったことは覚えてます。

――なるほど。すごく面白いと思ったんですか。

そうですね。

――それでハマって……。

そうです。

――そして最初はYouTubeで見たわけですよね、その後番組はそのままYouTubeで探したって感じですか。

YouTubeで探して、で、DVDがあることを知って買ったって感じです。

――最初に買ったDVD、何だったか覚えてます？

最初は、「ベトナム」です。（中略）

――番組を見ると癒される、というご意見があるんですが、ご経験はあるんですね？

はい、あります。

――それを伺いたいんですけど。鬱の時ですか？

癒されるっていうか、もう、ないと困るんです、生活の中で。だからもう、帰ってきたらまずテレビをつけて、DVDで。最近は副音声ばかり流してるんですけど、副音声がもうすごく心地よくて。

――心地よい？

そう、面白い。で、心地よくて……。人生についてとか、どうでもいい、全然関係ないことを副音声では喋ってるんですけど、だけど、それを聞いてると、ああ、そうだな、と思って心地よくなるし、大泉さんとかが入ってくるとクスッと笑えるところがあるから、帰ってきたら必ず副音声。仕事の時も、車で移動

するので、もう、ちょっとしんどいな、と思ったら、DVD流すって感じ。だからなくてはならない。癒しというか、なくてはならない。

――それはやっぱりご病気のときから？

そうですね、病気のときから。

――緩いのでずっと聞いていられるといったのはA－さんですよね？

そうそう。ずっと真剣に聞いてなきゃいけないというわけではなく、見てなきゃいけないというわけではなく、何かをしてても面白い。あの、耳だけ貸してればすごく笑える、という。

――なんで癒されるんでしょうね？

なんで癒されるんでしょう？　生活になくてはならない。なんで癒されるんでしょう？　自分でもう疲れたら、あ、見たいって思うんで。お、見たいって、なんか中毒性（笑）。

――疲れた時に見たい感じ。

うん、より、ですね。

――疲れた時に見る企画って何か決まってるんですか。

うーん、〔手に〕取ったDVDを見るって感じなので、並んでる中で。特にこれがいいっていうわけじゃないんですが、はい、原付が好きです。

――原付を頭からかけるって感じ？

そうそう、そうです。

――で、副音声？

そう、副音声。

——二〇一一年、一二年くらいから割とずっとそんな感じ？

そうですね。

——じゃ、内容はあまり関係ないってことですか？

内容？

——あの、企画内容とか、何をしているとか、番組の中で。

ああ〔ちょっと考えて〕旅をしている時のＤＶＤが好きっていうわけでもなく、「三〇時間テレビ」もめちゃくちゃ好きなんで、だから四人が出てればいいのかなあ、って思います。

番組を好きな理由は、以下のように語っている。

——この番組が好きな理由について。

出演者が好き。みんな好きです。四人とも好きです。本当に。それからクスッと笑える。がははと笑えるんじゃなくてクスッと笑える。

——大笑いじゃなくて、ってことですか。

そうそう。大笑いじゃなくて、それはまあ、あの、メンタル的に疲れているときにあまり大笑いすると余計疲れるもんで。

この方は別の折に「鬱の時にはテンションの高いものは見られない」と言っていた。「クスッと笑えるのが好き」と言うあたりはそれと整合している。またこの話から、やはり声や語りが非常に重要だったことがわかる。

クライシスからの回復2（N-Iさん＠大分県、三十代女性）

この方は放送があまりなかった九州にお住まいである。

「西表」に関しては、「寝釣り」に全てを救われた、と言うか。多分、私あのまま鬱々としてたら仕事も辞めて、たぶんいつかは立ち直るんでしょうけど、それまで暗～く過ごしてたんじゃないかと思うんですよ。

——その時は休職されてたんですか？

はい、入院したので休職をして。一か月くらい入院して、その後一か月くらい自宅療養というか。で、手術したところが頭なんですね。脳の手術で。で、それからずっと薬を飲まなきゃいけないので、子供ももう諦めたほうがいいです、みたいな。そんなのがあって、子供もできない、結婚もできないんじゃないかって。その当時独身だったので。そう思ってたので多分、あれがなかったらもっと暗～くなってたし……。

——……子供も産めませんと言われるとショックですよね。

そんなのがあって、今、結婚してるんですけど、主人と会って結婚するってところまで自分の気持ちが上向きになったのは多分「どうでしょう」のおかげだなって。

——結婚されたのはおいくつの時？

結婚したのが六年前なので二十九ですね。もう主人と付き合ってる時に手術をしたんですけど、手術をしてしっかり治して子供も産めるようになって結婚しよう、って思ってたのが、「ちょっとタイミングずれましたね、手術もしたけどうまく全部できませんでした、子供も諦めてください」。てなると、私なんのために手術したんだろう、と、どんよりしていました。気持ちも、多分表情も。（中略）

本当に何も「どうでしょう」のことを知らないでYouTubeを適当に触っていたら西表が突然再生されたんです。で、何が再生されてたかもわからないまま、携帯は真っ暗になる、「寝釣り」って言ってる、「故障じゃありません」ていう、なんじゃこりゃって（笑）〔注：「激闘！西表島」（二〇〇五）では競争で夜釣りをする際、ガイドのロビンソン氏に注意されて照明を消してしまい、画面はほぼまっ暗、放送事故のような状態が続く〕。

――「寝釣り」のところから見たんですね？

――私もあれ好きです（笑）。でも「どうでしょう」って突然に見るとどんな番組かよくわからないじゃないですか。

よくわからないですねえ。

ミスターが誰かもわからないし、私、最初、ディレクターさんがこんなに喋るっていう発想がなかったので、この声は誰だろう、って、藤やんの声が。で、大泉洋ちゃんは一体誰に向かって話しかけてるんだろう。出てるのはミスターと洋ちゃんしかいない、でも、ミスターはなんか声も違うし、「ミスター」って呼ばれてて「おい お前」とは呼ばれないし。で、声の主は「ミスター」って言ったり「鈴虫」って言ったり、二人に話しかけてる。この人は誰なんだって。なんて視聴者を置いてきぼりにする番組なんだろう、ってちょっと思ったんですよ、何にもわからないときは。でもわかってしまうともう、ダメでしたね（笑）。

――よくわからないけど笑ったんですか（笑）。

――わかる前からでも面白かった？　あの時はディレクターとあの二人と、あ、ヤスケン〔注：安田顕さん〕も？

ヤスケンもいたんです。でも私が見た時にはヤスケンの姿がもうなくて。

――真っ暗だったからね。

はい、真っ暗で。で洋ちゃんが流暢に喋りまくっているんですよね。洋ちゃん節っていうか。で、私の中では洋ちゃんはもうただの俳優さんだし。あの「救命病棟二十四時」（フジ系、二〇〇五）の、あのクリンクリンの看護士さんとイコールに思えなくて。で、また見たら「ハケンの品格」（日テレ系、二〇〇七）にも出てて。だから普通の俳優さんがなんなんだろう、体張った芸人ばりのことをさせられているのかと思ったら本人も楽しそうだし（笑）。

——楽しそう、ね（笑）。あれ、懐中電灯三つ以外は何も映ってないもんね（笑）。

でも白抜きで言葉は出てくるじゃないですか。携帯の故障か、と思いつつ、でもこれが出るってことは故障じゃないし。

——それをまた携帯で見たんですね！　小さい画面でしょう？

当時はまだスマホとかでなく本当に携帯なので。なんなんだろう、と。あれをいざＤＶＤで買って大きい画面で見ても、結局白抜きの文字が出るだけで変わらないんですが（笑）、でもなんなんでしょうね、あの一瞬の引き込まれ感ていうか。

——じゃ、それって一晩のことなんですね？

そうです、一晩。見たのは確かまだ夜早いうち、九時とか十時位だったと思うんです。それからネットで検索して、それでも携帯の検索なので限りはあるんですけどYouTubeを探しまくって、朝方くらいまでずっと見て、朝のちょっと部屋が明るくなってくる頃にはなんか吹っ切れてた。多分うちの両親は、真夜中に延々と私の部屋から私の笑い声が聞こえてきてて、おかしいと思ったと思うんですけど（笑）。あんなに暗くて鬱々していた娘の部屋から真夜中笑い声が聞こえてくる。「何が起こったんだ」、って多分思ったと思うんですよ。でもなんか次の日からちょっとさっぱりした顔をしてるっていうか。

このように、彼女も偶然YouTubeで見つけ、その晩集中的に見ることで元気になった人である。さらっと語っているが、これから結婚しようとしている若い女性が一大決心をして手術を受けたのに遅かった、子供も産めません、と言われたのはどれ程ショックだっただろう。DVDを全部お持ちなのは納得である。なお彼女は別の重要なコメント（一七九頁）もしている。

クライシスからの回復3（MMさん@埼玉県、四十代男性）

次は男性である。この方は映像系の専門学校に行きテレビの制作者を志していたが進路を変え、転職を大きくは五回し、今は医療機器メーカーの営業職である。

最初は専門学校で実地研修に行ったら、あまりにもこの業界は合わない。この人たちと僕は違う人間だ、と思って、この業界には行かないって決めて。その当時、小演劇の音響周りの手伝いをしていた時に、じいって考えて。肉体労働をやりたいけど、人と接するのは俺は好きだから両方両立できるところは何かな、っていうことでガソリンスタンドに行ったんですよ。小さな個人店のGSだったんですが、たまたまハマって面白くなって、タイヤを売りまくったんですよ。そしたら、本当に小さいお店なのに、自慢ですが、埼玉県内で一番タイヤを売っている店になっちゃったんです。そのおかげでやりすぎて僕、体を壊して入院するんです。で、一週間休みを取る予定だったのが、「店がトラブったから」って呼ばれて、「俺ここにいたら死ぬな」って思って。それで辞めることにした時に、そのXの子会社の方がうちに来ないって呼んでくれて、その方面に。もっと大変になるんですけど。

——ファンになったきっかけは？

impress TVっていうのがあったんですよ。記事が残ってたんですよ。これですね。これをたまたま見たんですね。二〇〇二年当時の記事です。おそらくこれがテレビをネットで配信するというののはしりだと思います。僕、その記事を見て、こんな面白いことを始めたんだって思って。それでこれ、「ユーコン川〔160キロ〕」（二〇〇二）がタダだったんです。でもこの時に、最初の前枠で僕、五回断念してるんです、何やってんだかわかんなくって。そこから二、三か月たって、休みが、珍しく三連休だか、本当に何年かぶりだかに取れたことがあったんですよ。その時にやることがなくて、〔当時〕Xの子会社の××っていうところで働いていたんですけど。あの、一話丸々見れたことがあったんです、なんとなく精神状態良くて。その時に、僕、声を上げて笑ってたんです。

——最初に見てからどのくらい経って？

三、四か月だと思います。「ユーコン川」の第一話。で、大笑いしてて。笑ってる自分にびっくりしたんです。もちろん僕、接客業ですからいつも笑ってにこやかに仕事してたんですけど、こんな風に笑ってる自分ていうのが何年ぶりだろうと思って。「あ、俺、全然笑ってなかった」って気がついた瞬間にショック受けたんですよ。で、もう一気に全部見て、impress TVを契約して「水曜どうでしょう」ずっと毎週楽しみに見てたら終わっちゃったんですよ（笑）。（中略）

——十五年前。ってことは三十二くらい？

そうですね。この時の仕事がもうとんでもない状況で、Xの子会社というか、まあ孫会社ですね。で、こういう業界って今だにあるんですけど、子会社は親会社より給料もらっちゃいけない、孫会社は子会社より給料もらっちゃいけない、て順序があって。僕、この時お店にいたんですけど、毎日朝家を六時半に出て帰りが午前様、休みが月一日あればいい方、一日二日あればいい方っていうのをずーっと続けてたんですよ。そんなことをやってますから当然売り上げ良くて、全国成長率三位とか、売り上げでも県内トップとか。（中略）

――よくそれで体持ちましたね。

いや、だからボロボロだったんです。体も心もボロボロな状態で。しかも、給料がそんだけやってても手取りで二十〔万円〕いかない時代でしたね。ですから赤字でしかない。だからその前のGS時代の貯めてたお金を充当して仕事しているような状態。（中略）僕らみたいな下の方で現場にいる人間は地獄ですよ。今は残業とかうるさくなったからしませんけど、もうあの当時なんか人間の扱いじゃなかったですから。ひどい。だけど、人間てその状況になると「自分がいなけりゃだめなんだ」みたいな訳のわからない状況に陥るんですよ。（中略）で、そのときに〔自分がふだんは〕本当には笑っていない、ていう状況にショックを受けて。で、これはいかん、と思って。そこから今の時代ではあり得ない話なんですけど、ネットでいろいろ探すと「どうでしょう」の動画〔注：違法動画〕が集められたんですよ。それを一話から全部集めて。その当時の「〔ドラバラ〕鈴井の巣」〔HTBの深夜バラエティ、二〇〇二～二〇〇四年〕とか集めて。そのうちに「マッスルボディ〔は傷つかない。ドラバラの第2弾〕」が発売されて、というような状況ですね。

（中略）

――それはそれほど見たってことですね。

見ましたね。要は、自分が笑える状況っていうのはなんなんだろう、と思って。で、そうしたら心がどんどん楽になって来たんですよ。「あ、ここにいちゃいけないんだ」ってことがわかってきて。でそのタイミングでうちの甥っ子がほんとに死にかけるような病気になって「来い」って言われたんで、これは環境を変えるチャンスだな、と思って、パンって〔会社を〕移ったんです。

――××に勤めていたのはどのくらいの期間ですか？

二十九から三十四〔歳〕までじゃないかな。

――「どうでしょう」に会ったのは？

三十二。だからこの当時から〔友人に〕今でいう藩士が増えてきました。

――三十二で出会って、いろいろ集めて、これじゃダメだな、と思って……。

「ここにいる限り、僕は多分どんどん人として終わっていくな」って思って。もう心も何も全部仕事の方に傾いてしまって。（中略）そこから完全にやり方を変えました。

――どのくらい見て「これじゃもうダメだ」と思ったんですか。

一本目でそう思いましたね。笑ってる状況で〔ふだん〕自分が笑えていない状態〔だとわかった〕。腹筋痛くなったことありますもん（笑）。腹筋がよじれました。衝撃でした。僕、基本的にはそれまであったテレビ番組の笑いって大っ嫌いなので。人を卑下したり、痛めつけたりする笑いって大っ嫌いなので。それは笑わせてるんじゃなくて、笑われてるだけなんですよね。そういうの大嫌いで。僕らの世代でいうと、「ひょうきん族」とか「八時だよ！全員集合」、全然見なかったです。嫌いでした。

――全然ダメなんですね、関西系は？

見なかったですね。その当時、僕は関西系はあまり見られなかったですね。

――なぜそんなに笑えるんだと思います？

あれ〔「水曜どうでしょう」〕は悪気がないんですよね。誰にも。基本が茶目っ気なんですよね。状況が起こってしまうじゃないですか、必ず。例えばどこかに行くとか。行く覚悟は、彼らできてるんですよ。だけど状況に対して最終的には抗わないんですよね。その中で、まあ番組を作るってことがあるんですが、どうにかそこを乗り切るために大泉くんが頑張るんですよ。なのに状況を作った三人がどんどん逆にやられるんですよ。最初はやられるのは大泉洋ちゃんなのに、気がつくとその状況を作った三人がどんどん弱って行く。この様が、もうこれは「トムとジェリー」なんですよね。

この方はおそらく燃え尽き症候群に近い状態だったのではないかと思われる。彼はこのあとで、小学校で教師からターゲットにされ、毎日毎日殴られた、という話もしてくれた。「人を痛めつける笑いが嫌い」というのはそのあたりからも来るのかもしれない。(なお制作者の二人は「トムとジェリー」が好きだ、と語っていたのを聞いたことがあるので、「どうでしょう」の笑いとどこか共通する面があるのだろう)。

「悲しいから泣くのではなく、泣くから悲しい」――感情末梢起源説

さて何故こういう効果が出たのだろうか。効果自体はあっても不思議はなく、その説明を以下少しずつしていく。まずこの現象を本書でレジリエンス効果と呼ぶ理由を書いておく。レジリエンス(resilience)とは回復力のことで、心理学や防災工学で近年注目されている概念である。戦争のような厳しい状況に直面しても、PTSDになる人とならない人がいて、レジリエンスのある人はPTSDにならないとされる。したがって心理学では、厳密にはこれは回復すること自体ではなく回復する力を持つ一種のパーソナリティ特性を指すことが多い(長屋(二〇一二))。ただ、回復すること自体を含む場合もあること、災害後のケースにもよく適用されること、特に重要なこととして、レジリエンス

の要素にユーモアが含まれていることから本書ではレジリエンス効果と呼ぶことにした。

最初に背景知識として人間の感情の心理学的な考え方を紹介しよう。最終的にはクライシスで生じた怖れや不安という感情を番組がいかにして消して楽しい感情に転換したのか、の話をしたいのだが、そのために感情とはどんなものかを知っていただく必要がある。これが少し日常の常識とは違っているのである。

感情はどうして生じるか。これには大きく二説があり、論争があった（コーネリアス（一九九六））。感情は進化を通して生物が環境に適応してきた中で生まれた心理的メカニズムだという点については一致している。だが、感情がどう生じるかについては意見が分かれている。一つは感情中枢起源説である。これはわかりやすい。大脳（中枢）で個別に感情に対応する状態が生じ、それに応じて嬉しい、悲しいという認知や行動（笑う、泣く）が生じる、というものである。
しかし、実は逆の説、つまり行動が先にあって感情が生じる、という説が先行して唱えられ、修正は加えられたが今でも有力である。この感情末梢起源説の最初の提唱者は二十世紀初めに活躍した哲学者で心理学者のウィリアム・ジェームズである。彼には「人は楽しいから歌うのではなく、歌うから楽しい」という言葉があり、これが感情末梢起源説を端的に表している。普通に考えると、楽しい気持ちを感じる→歌う、という順序だろうが、逆なのである。似たものにベムという研究者の「人は悲しいから泣くのではなく、泣くから悲しい」という言葉がある。日常的には、感

情は中枢系（具体的には大脳皮質など）で生じ、それが笑ったり泣いたりする行動の表出につながる、という順序が考えられているが、それは逆で、何かの身体的反応が感情より先に生まれ、それを感じることで初めて感情が生じる、という主張である。

具体例を挙げよう。私たちの常識での感情の発生は次のような順序だろう。狂犬病の犬を見た（知覚）→「こわい！」という感情が発生→動悸がしたり手が汗ばんだりする身体反応の発生。だが、ジェームズらが主張した説（ジェームズ＝ランゲ説）では、狂犬病の犬を見て（知覚）→まず動悸や発汗という身体反応が生じ→その後で恐れという感情が生じる、という順になっている。

この説にはもう一つ重要な主張があり、それは「感情にはそれぞれ固有の身体反応がある訳ではない」ということである。まえがきに書いた「吊り橋効果」のように、脈拍が上がるといった身体的反応を感じても、我々は実はそれが楽しいから起こったのか、悲しいからか、の区別はできておらず、本人が後からその状態に何らかの感情のラベル（「私はきっと「好意」を感じているのだろう」）を付けると考えられている。最近でも、身体反応が感情に影響することを裏付ける「表情フィードバック仮説」という研究が出ている（Davis, Senghas, Brandt, & Ochsner (2010)）。顔の表情筋が動かなくなるような薬（ボトックス）を注射した後、肯定的ビデオ（楽しそうなもの）と否定的ビデオ（怖そうなもの）を見せる。すると、同じビデオを見ても、表情筋が動く場合に比べ、ビデオに対して感じた主観評価は全体に小さくなる。つまり、肯定的なものを見ても肯定のレベルの評価は小さく、否定的なものを見ても否定の評価は小さい。もし中枢での何らかの反応が先にあるなら、顔の表情が浮かべられてもそうでなくとも変わりないはずだが、差があるということは、身体反応が本人の感じる感情と強く関わっていることを示している。

どちらが正しいかの決着はついていないし、まだ様々な説があるが、大枠でいえば後者の方が現在のところでは有力である。そのことに従うなら、感情は単純に中枢からこみ上げるのではなく、実際にその人がそこで行った行動と強く関係しており、しかも個別の感情に対して個別の内的状態が必ずしも明確に対応している訳ではない、ということである。この辺を頭にとどめておいていただきたい。

不安感の解消についての実験

さて、いよいよ番組のレジリエンス効果について検討してみよう。笑うバラエティ番組だからもちろん視聴者は見て笑う。末梢起源説からすると、笑えば内的な状態。つまり不安は低くなることは予想できる。だが、それならこの番組である必要はなく、何らかの理由で笑えるなら他の番組でもいいはずだ。それにそもそも、ファンが言うように、本当に番組視聴で不安が解消するのだろうか。すぐ考えつくのはこの番組での笑いが特別に不安解消に効果的だということだが、さてどうなのだろう。

そこでまず実験してみた（実験の詳細は、広田ら（二〇一九））。計画は私が立て、二〇一七年度に卒業研究として学生達（岩渕、内野、曽根）が実施した。簡単に言えば①不安な状態にした後、②異なる番組を見せて、どの程度不安が解消するかを比較する、というものである。実験参加者は東京都市大の学生四十五名でランダムに三条件（三番組）に割り当てて実施した。最初に、本人のプロフィール（年齢、性別、番組（「どうでしょう」）視聴の有無、よく見るテレビ番組など）や特性不安傾向（日常的に性格として不安になりやすい傾向）を測る質問紙に回答してもらった。一方、状態不安は一時的な不安の高さで、例えば恐怖映画を見たりプレゼン前に不安になるといった状態であるが、まず最初の時点でこれを調べ（日本語版ＳＴＡＩ（清水・今栄（一九八一））、同時に性格特性、番組（「どうでしょう」）に関する知識などを尋ねた。

次に不安を高める目的で「ミスト」（二〇〇七、ブロードメディアスタジオ）という映画を約十分見てもらった。この映画は深い霧に包まれた街でスーパーマーケットに取り残された人たちが、霧の中に何か怪異があるが家族を連れに戻ろうとしても誰も助けてくれない、などの軋轢が描かれている。これを選んだ理由は、直接的な残虐場面はないが、サイレン音や途中に起こる大きな揺れなどで不安感は確実に高まることが他の研究でわかっていたためである。これを見せた後、状態不安を測定し、その後三番組のうち一つを見てもらった。一つが「水曜どうでしょう」で、「ユーコン川１６０キロ」の冒頭（企画発表し、ユーコンに着いて川下りの装備の説明を受けたあたりまで）。もう一つは「水曜日のダウンタウン」から「６　逆ドッキリ、逆逆逆くらいまでいくと疑心暗鬼になる説」（二〇一七、吉本ミュージックエンタテインメント）。これはダウンタウンの人気番組（ＴＢＳ系）で、二人の男性お笑い芸人がお互いにドッキリを仕掛けあい、何度もやるうちどこまで台本か疑心暗鬼になるというものである。選んだ理由は、女性が出てこず、また雛壇的なお笑いではないことから、出演者数や性別が比較的「どうでしょう」に近い。また「どうでしょう」と対照的に、ボケ・ツッコミの典型である吉本制作で、学生が「笑える」と推薦したもの。もう一本は「ふらり親子旅」（二〇一七年五月十五日放送、ＢＳ－ＴＢＳ）。これは旅要素だけを持っているが笑いがなく、また出演者が男性二人と限られている。内容の区切りに配慮した上で三本とも約二十分を用いた。番組視聴後、三たび状態不安を測定し、番組の印象等の質問に答えてもらった。「ミスト」を見て上がった不安感が三番組の視聴で低くなるか、がポイントである。参加者数は「水曜どうでしょう」十六名、「水曜日のダウンタウン」十四名、「親子旅」十五名。若干人数不足だが学内での募集の結果なので止むを得ない。

図7がその結果である。実線が「どうでしょう」、点線が「ダウンタウン」、灰色の一点鎖線が「親子旅」、縦軸は測定された状態不安の平均値である。不安感は開始時に比べ、いずれの群でも「ミスト」の視聴後、目論見通り上がった（統計的に有意（意味がある））。だが、問題はその後である。これで見ると不安の平均減少量は「どうでしょう」＞「ダウンタウン」＞「親子旅」の順だった。ただしこの後、統計的分析をした（分散分析）。これは個人差による変動を考慮した上でもなお、状態不安の減少量が意味のある減少かを判定する分析である。その

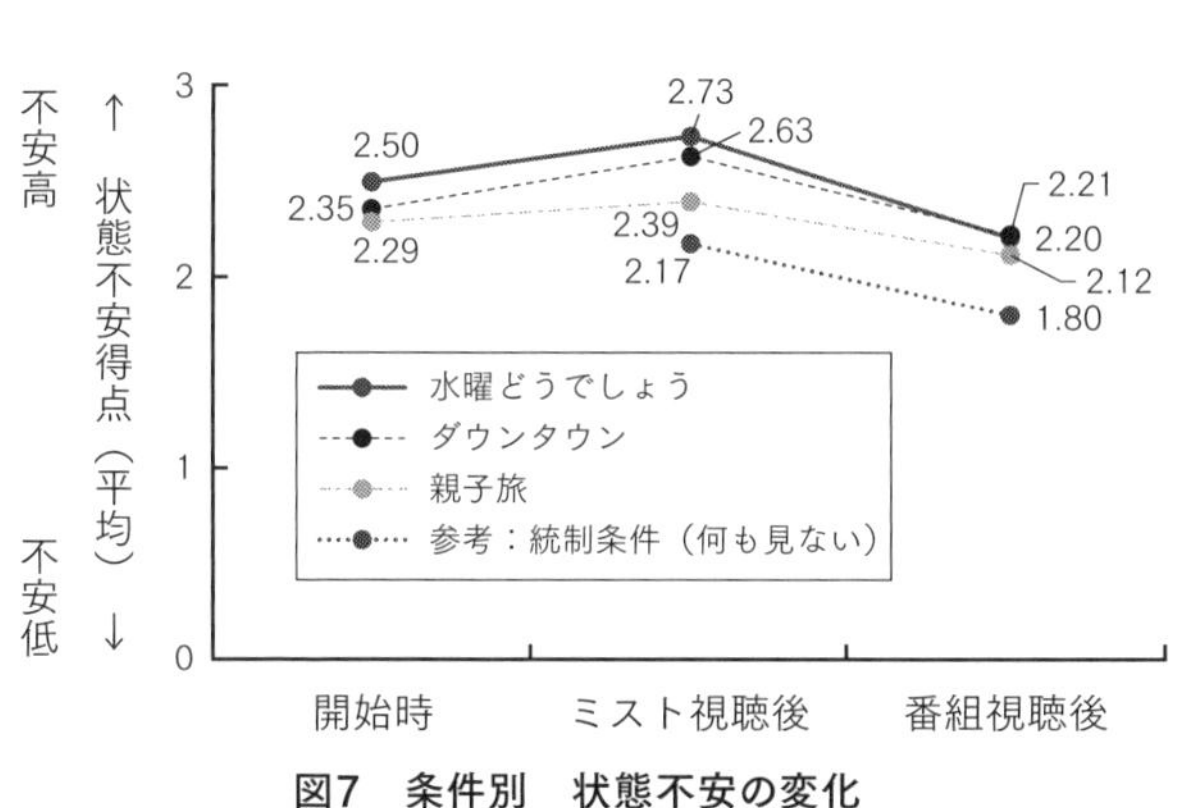

図7　条件別　状態不安の変化

結果、不安の減少自体は統計的に有意（意味がある）で、番組視聴で不安感が減るのは確かだが、番組間の違いには統計的な有意差がなかった。つまり、これらの番組視聴で不安が減少するのは確かだが、「どうでしょう」が他に比べ明白に高い効果があるとは言えないことがわかった。とするとこの結果だけから見ると「どうでしょう」には確かに不安低減効果があるが、他の番組に比べて劇的に不安が解消する、という訳ではなさそうだ。ではそれなのになぜこの番組だけが「癒し効果がある」と言う人が多いのだろう。

なお、厳密に言えば、元気な人達での不安の低減と、鬱などの病気が治ることとは別である。それに「病気が治った」と言う人も、厳密には、専門家の診断上で「治癒した」かどうかは不明ではある。そもそも、こういった点を統制して厳密な実験をするのは極めて難しい。とはいえ、特に鬱や社会不安障碍のようなものは本人の主訴も重要なので、その点で、本人が「良くなった」「治った」という報告をしているところから見ると、「効果がある程度あった」と見るのはそれほど不適当ではないだろう。

だとすると、二十分の視聴の実験から見れば、不安が減るにしても番組間で違いがないのに、「どうでしょう」だけが「治った」「良くなった」とする人が多いのはなぜなのだろう。

疲れない笑いと集中して見られる媒体

以上を踏まえて、考察したメカニズムを説明したい。あくまで仮説ではあるのだが。

レジリエンス効果を生む中心は、すでに書いたが、まず番組を見て「笑う」ことだろう。丁寧に書くと、「笑う」行動が生じることにある。前に述べたように、感情というのは中枢、つまり内側から湧き出てきているわけではなく、その人自身がどんな行動や表情をしているかにかなり影響される。行動として笑い顔になったり声をあげて笑うなら、それで逆に内的な感情状態は改善する。実際、臨床の現場ではそういう方法も提案されている（例えば高柳（二〇〇七））。しかし、それなら「笑える番組」なら同様で、「水曜日のダウンタウン」でレジリエンス効果があってもいいはずである。では、なぜ「どうでしょう」の周りではこれほどまでに、元気になった、という体験談が出てくるのだろうか。おそらくそれには幾つか「どうでしょう」特有の要因があり、むしろこのことの方が「笑えること以上にとても重要である。

インタビューからこの辺りのヒントを探ってみた。

私、会社員を三年間ぐらいやってて、その間に若干過労気味で体を壊しまして。で、ドクターストップ的なものがかかって療養生活をしなきゃいけなくなって。でもそれが完治するまで大体十年くらいかかっちゃったんですけど。

——そうですか！

その間過労に限らずいろんなことがあって。で、今、一応完治まで行かないんですけど、とりあえず通院とか薬とか必要なくなって。とはいえ月一とか三か月に一回ぐらいの感じだったんですけど。で、その時に……。

――闘病生活終わって何年ぐらいですか？

闘病生活終わって今だと二、三年ぐらい経ってるかな。で、一番その体調的に辛い時が、何回か治りかけてはまた壊しちゃって、みたいなのが二、三回ぐらいあったんですよ。そしてその二、三回壊しちゃった時に、家でおとなしくしなきゃいけなくって。その時に、暇過ぎると何かやりたい気分になるんだけど、とにかく休みなさいって言われるから、やる事って言ったらテレビ見るとか……。

――ちょっと立ち入ったことを聞きますが、体を壊すっていうのはメンタルに？

主にメンタルです。パニック障碍と鬱病と。あとなんか複合的な社会不安障碍とか。この辺、その時によって診断されるのが微妙に違います。で、そのパニック障碍とかだと結構身体に顕著に出るんで、下手に外に出られない時期がちょっとありました。

――それで治りかけた時に？

そうなんです。焦って、仕事しないとだめだよ、みたいになっちゃって、頑張って働きに出てはまたバランスを崩して、それこそ駅で倒れかけるとかそういうことをしちゃったので。今はそもそも無理しない感じになって、そうなった途端に治ったんですけど。

――で、テレビを見てて？

それでやることもそんなにないし、だけどなんかしたいな、と思った時にテレビを見ようと思ったんですよね。その時に、かといってそういうメンタルが落ちてる時に、「無理に盛り上げてる」的なテレビを見る気分にもなれないんですよ。いわゆる普通のバラエティ的なものは。あとニュース番組を見ても、どうも気分的に落ちちゃうんで見る番組が限られちゃったんですけど。その中でも「どうでしょう」は見てられたんです。だってあれって下手な励ましとかもないじゃないですか。あの、頑張るとは思うんだけど。

なんだろ、「ジャングル」とか辛そうだけど。「この人が辛いから私も頑張んなきゃ」じゃないんだけど……（中略）わかりやすい救いがあるわけじゃないんですけど、ただ大変な割にはテレビ番組として面白い内容にはなってるじゃないですか。で、ちゃんと帰ってきて「はい、お疲れ様でした」っていう感じがちょうど良かったんでしょうね、きっと。

――その時にどの辺を見たんですか？

「ジャングル」見たりとか〔サイコロの〕最初のやつ。あとは記憶があるのは一番最初の「ヨーロッパ」ですね。高速道路曲がんなきゃいけないところをまっすぐ行っちゃったりとか「あなたの犬は何とか」って言う、あれは「アメリカ〔横断〕」でしたっけ。アメリカでのホットスプリングに行っちゃうくだり〔注：目的地に行かずに、途中で温泉に行ってしまう〕。ヨーロッパでもそういうくだりありましたよね。だけど何かこれを見てると自分の気持ちが軽くなるからっていうんじゃなくて、私の場合、他に何かあまりにも他のテレビを見てると辛い、っていうかあまり楽しめないんだけど、「どうでしょう」だったら見ていられるっていう。（中略）

――他のテレビは見ていられないっていうのはそうなんですね。無理に盛り上げてるバラエティは見られない？

結構辛いです。その時にもよるんですけど、やっぱり辛い事件とかがあったりすると、普通のニュース番組だったらいいんですけど、平日の午後の情報番組だったりすると変な掘り下げ方するじゃないですか。「余計なことしないでくれ」とこっちは思うんですよ。だからNHKのニュースだったらまだ見てられる。

（中略）

――励ましがあるのもつらいですよね。

つらいです。だけど、例えば、ベトナムの時の、ミスターさんがトランシーバー落としちゃうじゃないですか。で、戻ったのを「トランシーバー無事にゲットして良かったよ〜」、みたいな、「話せるようになったよ〜」みたいな展開。あれはちょっと嬉しくなる。だけどそれでめちゃくちゃ救われるかって言うとそうでもなくて。難しいんですけど。

――場面としては「やった!」みたいなのがあるって事ですか。

いやそういうわけでもないんです。ただなんか、ドラマチックなことが起きて、みんな気持ちが高ぶって、みたいなのがないことが安心するのかなって。野宿するとかはある意味ドラマチックといえばドラマチックなんですけど(笑)。(中略)好きな人って、その企画がどうこうっていうより、何回も何回も見るじゃないですか。あれも不思議だな、と思うんですよね。私も何回も見ちゃうんですよね。わかってるんですけど、何回も見て。だから安心するから見てるのかなっていうのはあるんですよね。何に安心してるのかよくわからないんですけどね。(中略)

――元気のない時って見ながら笑えました?

なんか腹抱えて笑ったっていうのは正直そんな覚えてないです。っていうのもつらかった時の記憶っていうのが正直ちょっと薄れてきてて。ただなんとなく見てられたなっていう。

――結構ずっと見てたんですか?

結構だらだらと見てました。だから日によって二時間ぐらいぶっ続けで見ちゃったりとかすることもあるし。まあ一通り見終わったら、またまた同じやつの企画を最初から見直して、てなこともしてたんですよね。

――確かに気合が入っているのって見づらいですよね。

何か、「どうでしょう」見てると他のバラエティとかが気合いが無駄に入ってるような気がしちゃって。

で、その気合が入ってることによって無理してんじゃないかなっていう見方をしちゃうんですよね。多分この人たちはこんな風な展開をしたいがために、若干無理してるんじゃないか、みたいな見方をしちゃうんですよね。

――「どうでしょう」は無理してそうじゃない？

なんか途中変な方向になっても、その流れに身をまかせて、みたいなところもあるじゃないですか。

（ＭＫさん＠千葉県、三十代女性）

この方はこんなことも言っている。

――「どうでしょう」はなんで面白いんでしょうか？　なかなか難しい質問ですが。

なぜ面白いか？　うーん……不思議なんですよね、あれ。まずやっぱりどの企画の始まりでも大泉さんがどう騙されるかを見たい、というのが若干あるんですけど。あの企画発表のくだりとか。で、そうですね……（中略）スタジオ収録じゃないっていうところかな……。いわゆる、本当に筋書きがあってこういう企画をやって、ていうのがそもそも、あまりないじゃないですか。というか、この人たち何やりたいんだろ、ていうのが面白いってば面白い。後は、どこかで藤村さんが仰ったりしていましたけど、下ネタがないっていうのが安心して見られる要素ではあります。変な下ネタに走らない、っていうのが安心して見られる要素だというのは、私はあります。あと、変に男性目線に寄りすぎるとか、女性目線に寄り過ぎる、みたいなのがないのもいいんですよ。大泉さんの「荒々しい男」とか言っても、どう考えても笑える話なので。男の荒々しい、というんじゃなくて、単に笑いになってる男の話。だからその辺、安心して見られるんでしょうね。〔他の番組では〕若干偏ってるな、みたいなのが常にではないけど片鱗や話の展開であるのをたまに感じるんですよね。どの番組でどうこう、っていうのはちょっと全部挙げられないんですけど。〔「どうでしょう」は〕恋愛の話題的なこととかほとんどないじゃないですか。あと「女の子がこう可愛い」とか「男の人がどう格好いい」みたいな話があまりなかったりするじゃないですか。ないっていうことがある種安心なんですよね、私は。

——それはなかなか興味深いですね。

なんか変に敏感になっちゃう時もあるんですよ。この人たちの趣味嗜好は私はどうでもいいとか思っちゃう時があるんですよ。他の番組でやってると。多少「どうでしょう」でそういう話があっても藤やんが「別にどうでもいいけど」みたいなリアクションしながら聞いてるし。（中略）せいぜい大泉さんのホラ話ぐらいですよね（笑）。

——そうですね。外国人の女性がどうこう、とか。

あそこまでいくとどう考えてもおかしいだろって言うんで。

——そうね、リアリティないですよね。

笑えるじゃないですか。あの、意外に大泉さんのイマジネーションの限界が見えるのがおかしい（笑）。なんか無理やり頑張ってる感じが。

外出できないような状態の時、テレビやネットを見ることは確かによくありそうだ。しかし彼女の言うように、精神的に不安定な際は案外見られる番組が限られていて、「どうでしょう」だけは見られた、というのは興味深い。彼女の指摘から気づくことは二つある。一つは、外出できないような状態の時、テレビを見、その延長でネットやＤＶＤで番組を長時間見続けることで効果が生まれた、という点である。この点、やはり媒体の要因は大きい。冒頭の事例ＡＩさんも、YouTubeで偶然見て、また現在は「しんどいな」と思ったらＤＶＤを流す（一五五頁）、と答えている。二番目のＮＩさんもネット動画から入って、一晩中見ていたと言う。テレビがきっかけだったにしても、「元気になる」までには集中的に長時間見られることが必要で、その点、この効果はテレビのレギュラー放送のみではありえなかったと推測される。

二つ目は番組内容である。頑張らない、下ネタもない。笑いも、ＭＭさんが言っていたように（一六三頁）、人を傷つけたりいじめを連想したりするようなものではなく、他愛のない笑いである。ＡＩさん（一五六頁）やＭＫさん（一七四頁）が言っているように、鬱で大笑いするのがつらいような場合でも、そこここでくすっと笑うことができる。ファンの人たちは「頑張る人」も多いが、番組は無理に最初のゴール（目標）に行かなくてもいいのだということを教えてくれる。

これらから見ると、媒体が長時間・集中視聴が可能なものだったこと、そして「頑張らない」番組内容や笑いが重要だったことがわかる。

ただし、私は「どうでしょう」にはもう一つ、他の番組にはない極めて重要な要素があったのかもしれないと考えている。仮説だが、「どうでしょう」の表現が大切だったのではないだろうか。

鬱状態でも見られる「表現」

これは、白状すれば、実はごく最近気づいたことである。ある地方の寄り合いに行った時、鬱病経験のある人が何人かいて話を聞かせてくれた。その人たちによると、鬱状態の時、他の番組はとても見られないが、「どうでしょう」だけはいつの間にか自然に話の中に入っていける、という。

鬱状態と言ってもレベルがある。比較的軽いものであるなら、前述の番組内容の要素、つまり「頑張らない笑い」で元気になるのはわかる。一応、番組の中身を理解できる程度だからである。一般的なクライシス経験でも同様だろう。しかし、「単に元気がない」ではなく、診断的に鬱病とされるレベルとなると、かなり重い。鬱病は、外部からの精神的危機状況でエネルギーを温存するために内にこもり、結果として睡眠や食欲など生存欲求が大幅に減退した状態だという（大野（二〇一四））。そんな状態の時、果たして番組の内容を理解して話に入っていけるだろうか。「どうでしょう」のレジリエンス効果を学会（感情心理学会大会）で議論した時も同様の指摘を受けた。臨床心理士でもある研究者に、「笑う番組で元気になるのはわかるが、一番驚きなのはその状態で番組を見られること自体」だと指摘された。笑える番組を見れば良い、と勧めたところで、通常、鬱病の患者さんはそもそもテレビなど見ることさえできないのだ、と。

とすると、実は「どうでしょう」のレジリエンス効果で一番驚くべきで注目されるところはこの点のように思う。

とはいえまだ研究を進めたわけではないので、以下は想像だが、「どうでしょう」では番組の中身に入る前、つまり意味内容を理解する前の、心理学の用語で言えば知覚や認知の段階がかなり重要ではないか。つまり、番組の作りで言えば、表現の段階がそもそも決定的に他の番組と違うのではないか、というのが私の考えである。

すでに何回か書いてきたが、例えば藤村さんの笑い声である。

――なぜ癒されるんだと思いますか。

藤やんの笑いにつられて笑うところはあると思うんですね。本当はサラーっと見てたらそうでもないのかもしれないけど、藤やんのあの笑いに自分もつられて笑う。自分が笑っているっていうことに関して、頭の中のどっかが錯覚して「自分は楽しいんだ」。は〜、楽しかった面白かった、って思えるくらい笑う、というか。藤やんにつられて笑う、というところは大いにあると思います（笑）。後から見てどの場面に癒されました、どの言葉がいいんですか、とか、この言葉によってこうでした、ではなく、見終わった時自分の中にあまり残ってないことも多いのに、すっきりさっぱり笑っている。笑い終わって、「はあ、面白かった」みたいな（笑）。

（NIさん＠大分県、三十代女性）

第四章で述べたように笑いは伝染しやすい。「どうでしょう」の場合、藤村さんがいわゆる録音笑いの役割を果たしている。「藤やんが笑っているとつられて笑ってしまう」というのはそれである。なぜ笑っているかわからなくてもつられて笑い、そしてそれが逆に内的状態に影響する。番組はむろん面白い。だが、心理的負担の大きい時には人は内容まで理解できないこともあるだろう。それでもつられて笑う。そして「笑うから楽しい」のである。

藤村さんの笑い声に限らず、四人がくだらない喧嘩をしていても、信頼感や安心感のある響きを声から聞き取れることが自然に番組の中に入れる理由かもしれない。

さらに「画角」。これも第四章の繰り返しになるが、顔やカメラ目線が相対的に少ない画面ならば、鬱や発達障碍のように視線について特に負担を感じる人たちにとって見やすいかもしれない。認知負荷の小さい、テンポの良い作りであれば、認知的な能力が制限されている状態の人にとっても見続けやすい可能性はある。あくまで可能性だが、これが今のところの仮説である。なお撮影担当Dの嬉野さんは、若い頃に引きこもった経験があるという（嬉野（二〇一七））。この「見やすい」画面はひょっとするとそのこととも何が関係があるのかもしれない。

四人の声は決して感情的になったり神経質になったりしない。最初は番組を見るのもなかなか大変でも、そうやってだらだら長い間見てクスッと笑っているうち、その笑いは次第に本当の笑いになっていく。

レジリエンス効果を生むためには、この、自分が落ち込んでいるような時でも、自然に見ることができ、そして自然に話に耳を傾けられることが非常に重要である。そしてつられて笑ったりするうちに、徐々に回復していく。これが「どうでしょう」だけが持つ特徴なのではないか。

屁（へ）が出（で）るほど笑（わら）うな

番組視聴による学習効果

さて、もう一つ、インタビューの過程で知った重要な事例を紹介するが、伝聞なので要旨だけである。ある人が東北の被災者の知人のお宅に泊まった時のこと。そこのご家族はその時お母さんと子供二人で、夕食後テレビを見ていて、その続きで一緒に映画を見たそうである。この映画は9・11を題材にしており、そのため、事件や災害を連想させ不安感を高める要素がかなり沢山含まれている。映画を見続けるうち、ご家族は何かのスイッチが入ってしまったようになり、下のお嬢さんは途中で過呼吸を起こして倒れてしまったそうである。ところがお母さんがそこで急いで「夏野菜」のＤＶＤをデッキにかけたところ、音楽が始まって画面にミスターさんの姿が映ると、お嬢さんは笑い始め、あっという間に平常に戻った、という話である。

私にこの話を教えてくれた人は非常に強い印象を受けたようだし、確かにこんな劇的な経験はあまりないだろう。だが私はこれを神秘体験の類として紹介したいのではない。これはおそらく、過去の番組視聴の学習効果によるものだろうと推測される。

感情は、実はその場の状況だけで生まれるわけではない。特にこういう瞬間的な効果は状況の意味を理解した結果というより、過去の経験による影響が大きい。

人は過去に何度も特定の感情が引き起こされたのと似た状況に置かれると、学習効果から、自動的にその感情が起こることが知られている。心理学入門の授業でも紹介される有名な古典的研究にワトソンという研究者が赤ちゃんを対象に行った実験がある（Watson & Rayner (1920)）。蛇は怖がらないが、大きな音には怖がって泣く赤ん坊に、蛇を見せる時には常に同時に大きな音を出す、という手続きを何回か繰り返す。すると学習効果が生じ、しまいには赤ん坊は音がなくても蛇を見ただけで泣き出す。これは古典的条件づけという学習である（「恐怖条件づけの研究」と呼ばれている）。元々は怖くないもの（この場合は蛇）であっても、怖いもの（無条件刺激。この場合は大きな音）と何度も対で提示されると、しまいにはその怖くないものは泣く行動を引き起こすもの（条件刺激）に変化する。

感情というのは意外なことにこういった学習が成立しやすく、高所恐怖症や広場恐怖といった恐怖症は、過去のそういった場所での怖い体験（例えば目の前で人が落ちて亡くなったなど）による学習で生じていると考えられている。その経験自体がはっきり想起されなくても、その場所で恐怖感だけが生じる。また経験した時と全く同じでなくとも似たような場所でも起こる。例えば高所恐怖症でいえば、最初の経験に近い高所であれば恐怖感情が生じる。また感情の条件づけはそれほど多数回経験しなくても成立するとされる。例えば地震について、大地震後、たとえ小さくても余震の度に非常に強い恐怖や不安感を感じるのは、わずか一回の地震でもこの条件づけが成立するためだと主張する専門家もいる。

私はこの映画を見たが、中に9・11の際の救急車のサイレン音が出て来て不安感を強く引き起こす場面がある。その場面で過呼吸が起きたのかは不明だが、私もこの場面では阪神大震災直後（五日目）に訪れた神戸の街を思い出した。あの時の神戸は間断なくサイレンの音がしていた。そういったものが、ご家族の震災後の不安感を引き出す条件刺激になった可能性は高い。

そしてもう一方で、この条件づけのメカニズムは番組を見て不安感が解消したことにも当てはまる。番組のファンは過去に何度も番組を見ている。とすれば、最初の、あの不思議なテーマソング「テケテケテケ……」やそのあとのオープニングの音楽が過去の繰り返し視聴による学習で条件刺激に変化しており、それを聞くことで、過去に経験した、番組視聴によるリラックス感を引き起こす効果が生じたということは十分ありうることである。東日本大震災後、番組を熱心に見たファンが少なからずいたと聞く。緊張や不安が続く中、仮にそのために番組内容が頭に入ってこないような状態であっても、過去に何度も見た経験のある人は、音楽や声や場面がきっかけ（条件刺激）となり、笑いやリラックスが引き出された可能性がある。多分、ファンの人たちはその効果が経験的にわかっていて、何度も番組を見たのだろう。実際、ＮＩさんはこんな風に言う。

私、今もし大きな地震とか津波みたいなのが来て、何持って逃げるかって言われたらＤＶＤ持って逃げると思います。見たら元気になれるから。お金がないとか着る物がないってどうにかなる場合があるじゃないですか。着るものがなかったら貸してくださいって言える、お金も、まあ貸してくださいって言える、でも元気って貸してもらえないじゃないですか。（中略）もし逃げる時間があるなら、それこそお財布とか通帳とか最低限のものを持って逃げて、と言われたものの中に一、二枚持って逃げると思います。精神安定剤なんだ、って言って。

（ＮＩさん＠大分県、三十代女性）

繰り返すが、大きなクライシスの後には、不安や恐怖、緊張感が強くて何も聞こえず、何も頭に入らないような状態が起こるものである。そんな時でも「どうでしょう」を見ることで、たとえ内容が頭に入らなくても、過去にそれを見て笑ったりリラックスした経験による学習効果で自然に笑い、自然に緊張が解けたなら、それはすごいと心理学者として心の底から思う。たとえ臨床心理士が「リラックスしましょう」「不安はないですよ」とアドバイスしても、クライシス後はわかっていてもなかなかできないだろう。番組を見ることでそれが達成されるなら、つまり、番組を見ることで笑い、笑ったことでクライシスによる不安が軽減されるなら、それは本当に素晴らしいことだと思う。

心理学的な説明は大体これでおしまい。お疲れ様でした。

さて、心理学的なメカニズムの説明とは別に、番組がクライシスに遭った人を支えられた理由には、ファンの人たちが感じ取っている番組の底流にある思想や価値観が関係しているように思う。それらは、この番組を考える上で重要だと思うので、次章で改めて説明したい。

第六章　番組の思想

本書も終わりに近づいた。本章では、ファンがこの番組からどんな価値観、「思想」を読み取ったのかについて述べる。具体的には、水平性、日常性、そしてそれらの結果、ファンの側が感じている安心感である。

番組内の水平性――四人部屋の思想

水平性は、番組内と、外側に共に存在する。番組の魅力としてしばしば語られるのは、「四人の関係性がいい」である。そしてその関係性を表すのが「ツインルームの四人使用」。笑われるかもしれないが、これが水平性の象徴である。

この番組では、出演者二人と制作者二人が旅に出て撮影をしていくのが基本形だが、宿はごく最近まで、状況が許す限り四人部屋だった。出演者と制作者が一緒の部屋というのはキー局ではとてもありそうにもないが、この番組では「四人部屋」であるだけでなく、出演者が酷い目に遭うのも通例である。例えば「喜界島」の企画の最初にある、羽田東急ホテルのツインルームにエクストラベッド二つを入れた四人部屋のシーン。部屋はぎゅうぎゅう。その状況と彼自身の親切心（？）のため、メインタレントの大泉さんは全員を跨いでいかないと入口まで行けない一番不利な場所に寝る羽目になる。「絵葉書の旅」でも宮崎の温泉旅館では部屋がなかったこともあり、旅館の人が「それは難しい」と言うのに、六畳間に四枚布団を敷きそこに寝る。

「四人部屋」であることの重要性を制作者が認識していることは「原付日本列島制覇」（二〇一一）でわかる。大河ドラマにまで出演した大泉さんが、なおも四人部屋を取りつづけることに苦情を言うシーン（第五夜）。例によって一部屋に四枚布団を並べて寝ることになっているため、酔った大泉さんはもう寝ようという段階で文句を言う。

「あれだな、部屋が狭いな」
「なんで、必ず四人部屋押さえてんの？」
「どちらかといえば俺たちは常にシングルを押さえろ、って言ってるよ」
（この苦情に、制作者二人は）
「それは旅情がないねえ」（藤村）
「何をいまさら他人行儀な」（嬉野）
「それを許したら『水曜どうでしょう』終わるね」（藤村）
「終わるね」（嬉野）
「視聴者（から選ばれた代表）の方、ひとりひとりの部屋だったらどう思います」（藤村）
「あー、寂しいいね」（嬉野）

（「原付日本列島制覇」第五夜）

我々（われわれ）は全員男（ぜんいんおとこ）です

この話が人気があるということは、このエピソードがファンにとって大きな意味性を持っているということでもある。

逆方向からの証拠もある。最新作の「初めてのアフリカ」（二〇一三）はファンの評価が分かれるが、ネットで見ていると批判の一つに「大泉があまりにもエラそう」というものがある。確かに大泉さんはこの中でいろいろ制作者に向かって文句を言い、それだけみると確かに偉そうである。しかし、よくよくみると、大泉さんの振舞いや言動は以前の企画と大して変わらない。むしろその感想は、「大河俳優」となった大泉さんを見る視聴者側の目が変わって出てきた部分もあるのではないかと思う。彼は以前の番組内でも、最も年下、当初大学生だったにもかかわらずチーフDの藤村さんに悪態をつき「相手取るぞ」と文句をいい、時には尊大にも見える態度をとっている。一方で、最もひどいベッドに寝かされ、夜行の寝台のチケットがない時には最若手という理由で一人普通席に座る羽目になる。でもそれがファンにはいいのである。

大泉さんのボヤキとホラ話が最大の魅力だと思います。立場が弱いところにいながら、大ボラ話を語り始めて大先生扱いになるあたりが見ていて気持ち良いです。偉いんだか偉くないんだかわからない。偉い人がいばっているだけじゃ世の中と一緒でつまらないけど、そこが逆転しているあたりは一つのツボだと思います。

（Rーさん@広島、四十代男性）

スタイリストの小松江里子さんは茨城のキャラバンでお目にかかった時「番組は仕事というより、クラブ活動みたいだった」とおっしゃっていたが、それは一つには利害の絡む仕事関係ではあまりない水平さ、フラットさも含んだ感想ではないかと思う。

「出演者が酷い目にあう」こと自体は藤村さんが参考にした番組「電波少年」と同様である。しかしファンは、根本が大きく違うことを感じ取っている。

——普通の関西系の笑いとは違う、という話はあるんですが。

全然違うと思います。それまでの笑いっていうのは予定調和じゃないですか、基本的に。猿岩石さんの(「電波少年」)、あれって僕ダメで。あれは究極を作りだして究極で笑わせようとしている企画なんですよ。あれ自身が。要は、人を究極の状況において、その反応を神様の視点で見て笑う。「どうでしょう」って神様視点じゃなくて、みんな同じ状況に入って行くじゃないですか。なんで、僕らも一緒にいるような気がしたんでしょうね、その場に。

(MMさん@埼玉、四十代男性)

制作者が出演者を酷い目に遭わせてそれを笑うのではなく、制作者も同じ状況に入ってなぜか共に酷い目にあう。私はテレビの良い視聴者ではないので一般的に神様目線で作られているかを言える立場にはないが、お笑いバラエティでのこういった感じについてはわかる気がする。「どうでしょう」の評論についてはミステリ評論家の杉江松恋氏が同様のことを指摘している。後で再登場するが、彼の評論は非常に鋭い。

「リヤカーで喜界島一周」では、団結の輪を作ると称して徒歩旅行に挑んだ４人が、これまたよせばいいのに狭苦しい１つのテントに宿泊している。ちなみに旅行に出発する前に泊まった羽田のホテルでも、ツインにエクストラベッドを無理やり入れたような部屋に４人で寝ているのだ。／この、とことんつき合う感じ。／４人で行動をするのだから４人で泊まるのだという有無を言わせないやり方。／それこそが私の心を捉えたものの正体なのではないかと思う。

（杉江（二〇一七））

制作者も出演者も同様に行動し、同じようにやられて（酷い目に遭って）いくのは、おそらくこの番組の水平性を反映している。断っておくが、藤村さんは「平等」は嫌いだそうである。確かに水平という言い方はしたが、私が意図していることも「平等」とちょっと違う。番組が平等の思想を大事にしている、とか、結果や扱いを平等にしよう、と意識していると言いたい訳ではない。第一、四人は四人とも、むしろそれぞれの局面で小狡く振る舞おうとしたりする。しかし、そうでありながら意識さえせずに、「一緒にやって行くのだから一緒にやられるのは当たり前」だと行動しているように思う。なんというか、制作者役割、出演者役割の間で線を引いて区別する感じがないのだ。ファンの人たちはおそらくそういった、真面目に一緒にやられていく、フラットで信頼のある四人の関係の中に五人目の旅人として入りたいと考えている。そしてそれが何らかの形で破れる時、長年のファンでも批判的になる。

「〔初めての〕アフリカ」は面白いけど、どうでしょう班以外の人の参加はちょっとね〔注：この旅は、四人やTEAM NACSなどの準レギュラー、ガイド以外の人が参加した大所帯だった〕。あのグループで旅したいは全ての人の憧れのままであって欲しかったという気がします。（中略）若手のDに手伝わせたくらいなら気にならないんですけど。

――やっぱり「どうでしょう班」と一緒に旅してみたい、は憧れなんですね。

コンサートで最前列に行ったと思ったら、ピット席に客がいた、みたいながっかり感。

（R-さん@広島、四十代男性）

水平性はファンコミュニティにも引き継がれている。藤村さんは、「われわれ、向こうの人ではないですから」と言ったことがある。確かにお二人とも有名ディレクターなのに、「向こうの人」であるという態度は見えない。一般的にファンクラブの集まりというもの自体が世間での地位を問題にしない傾向はあるとは思うが、しかし「藤やんとうれしー」はその傾向が強いように思う。世間での肩書を生かしたい人はこういった集まりに所属すること自体が難しいのではないか。そしてそれは、番組が醸し出している水平性と深く関係しているのだろう。

そしてその水平性は、通常視聴者が自分たちには手の届かないと感じるはずの出演者への親しみと

もつながる。札幌の居酒屋Sには「いらっしゃいませ。ここで出会っても声は掛けないで下さい。」という鈴井さんの色紙があると聞く。それはおそらく、過去に恐ろしく頻繁かつ比較的気楽に声をかけられた経験によるものではないかと思う。また今や大河俳優になった大泉さんでも、「真田丸Twitter」では様々なコラージュのタネにされ、さんざんからかわれたのもこのせいだろう。

このように水平性は強くマイナスに働く部分もある。直接お目にかかって二年半、折々に眺めてきて、藤村Dという人は、番組内での印象とは異なり、やり方は独特なところもあるが、非常に仕事のできる商売人でかつ抜きん出たクリエイターであることを知った。だが、ネット上で新作を待つ一部のファン（?）は「藤村」と呼び捨てし、ひどく貶め、早く新作を作れ、と書き込む。あれだけの人気作の制作者なのに、である。このけなされようは恐らく顔を出しての水平性が裏目に出ている。無料で番組を見ているテレビの視聴者がそういう錯覚を持ちやすいだけでなく、番組の水平性ゆえに、身近で手の届くところにいる人、と錯覚するためではないか。本当は彼らの手の届くところにいるような人ではなく、多分議論をしても絶対にファンは太刀討ちできないと思うのだが。

ファンたちが水平性を好むのは、逆に言えば、日常生活で上下のある人間関係に傷ついていることの反映でもあるように思う。古いが、好きな性格・嫌いな性格を日米比較したパーソナリティ研究（斎藤（一九八五））の嫌いな性格で、日本人では一位：ずるい人、二位：蔑む人、三位：卑劣な人、四位：傲慢な人、六位：ゴマをする人、が上がっている。蔑む／傲慢／ゴマをする、のような上下関係に関わる性格が日本では嫌われる上位に挙がることが特徴として注目された。その後の研究は追っていないが、悩み相談でも依然職場や地域での人間関係がよく上がってくることを見ると、おそらくはこういった人間関係に悩む人はなお多いに違いない。RIさんの様に、そのことが逆にフラットに見える番組の人間関係への憧れを生んでいる部分もあると思われる。

番組外の水平性——視聴者と制作者の関係

すでに少し述べたが、番組外、すなわち視聴者と制作者の関係の水平性に最初に気づいたのは「藤やんとうれしー」の寄合でお二人に初めてお目にかかった時で、あまりに視聴者に対して普通の態度を取れるのが驚異的だったためである（広田（二〇一七））。それから二年半。これがファンにとって重要な要素の一つだという確信は強くなっている。

——掲示板について。

最初はもう、本当にテレビ局のディレクターさんで、ファンのところまで下りてくれるとは思ってなかったです。

——え、それはその後変わったってこと？

かなり変わりました。祭りをしたりとか、あと東北〔女川〕の応援〔注：二人のDは二〇一二年以降、毎年女川で開かれる復幸祭に行ってトークショーをしていた。二〇一二年には大泉さんがビデオで出演、一四年には鈴井さんも参加している〕だったりとか〔でもそう思った〕。最初Facebookのこのページ〔注：「藤やんとうれしー」のグループ」もしばらく悩んでたんですよ。会費もそこそこのお値段だし、HPと同じの一方通行のものなのかなあ、って。でも色々見ても調べる方法もないし、入らないとわからないから入っちゃおうって（笑）。で入りました。

――入ってどうでした？

びっくりしました。例えばこの前、私が自己紹介のページに書き込んだ時に、広田さんからもですが、うれしーからもコメントが残るって。叫んじゃいましたね。携帯持って。わあって思って。最初の方読んだら藤やん全部〔返事〕返してるし、活発にちゃんと読んで返してくれて、それに対してまた返してって、ビックリしました。こんな時間があの人たちにあるのかしらって。（中略）ほんと衝撃でしたね。私、あのテレビの中のナレーションの人と話ができるというか、コミュニケーションができるパイプがある、というのは衝撃でした。

（NIさん＠大分県、三十代女性）

ロイヤルティの高いファンコミュニティはこういった関係性からも生じているのは間違いない。「ファンのところまで下りてくれる」というのは、いみじくも、視聴者にとって通常テレビの制作者の地位は上という認識と、しかしこの番組ではそうではないことの魅力を示している。これは初期からのことだったようである。

――なんでまた「カルトクイズ」〔注：第1回水曜どうでしょうカルトクイズ世界大会（一九九八）という企画〕

に行こうと。あれ何年でしたっけ。

何年でしょう。でも、私まだ高校一年生だったと思うので。

——じゃ、すごい最初の頃なんですね。

そうですね。番組の一年目から二年目ぐらいのときだと思います。

——じゃあ、番組のめちゃくちゃ人気があったっていうほどでもなかった。

まだ全然だと思います。

——私は、テレビ番組がカルトクイズをやるっていうのが、非常に不思議な気がしたんですけど、そんなことないんですか。

いやー、確かに他の番組ではないですよね。でも、なんかこう。

——北海道でもそういうのないですか。道内。

聞いたことないですね。（中略）

——なんか覚えてます？

幾つか覚えてるのが、まずそのときにonちゃんを初めて見たんですよね。まだ多分、「どうでしょう」内でも出てなかったし、ＨＴＢでもマスコットとして売り出すずっと前で、onちゃんの着ぐるみが来て、その紹介があったんですよね。

——それはひょっとして中は安田さんですかね。

いや、多分違うと思います。本当に普通のただの着ぐるみって感じだったので。それがあったのと、ちょっと記憶曖昧なので不確かかもしれないんですけど、藤村さんと誰かが話をしていたのがちょっと聞こえて。それが樋口〔了一〕さんの曲の話だったのかなって後からちょっと思うところがあったんですよね。

というのと、あと、途中で○×クイズを敗退した人たちがみんなで藤村さんを囲んでずっといつまでも帰らないでいたら、「おまえらいいから早く帰れ。その代わりに次のプレゼント応募のときにこのコメント書いたら優先的に当ててやる」みたいなことを言ってくれて。それで私、実際、サイコロのフリップ当ててもらったんです。

――なかなか帰らなかったんですか。

それ、みんなそうなんですよ。いつまでもいて。多分、スタジオの収録にその後移るから早く撤収したかったんだと思うんですけど。

――それ、夕方とかですか。昼？

昼だと思います。（中略）

――八十人とか。百人ぐらいはいた？

はい、多分、いたと思います（中略）

――待ってたんですよね。

はい。

――それ、なんででしょうね。

せっかく来て、こんな会えるチャンス、めったにないっていうので。まだ藤村さんとかもいるのに帰りたくないっていうのもあったし。なんでしょうね。残ってればいいことあるかなみたいな感じだったかもしれないです。（中略）

――なるほどね。嬉野さんは？

嬉野さんの記憶がそのときのがないんですよね。いたかもしれないんですけど、あんまりしゃべったりとか前に出てなかったので、気付かなかったか、私がその頃まだ嬉野さんの顔とかを知ってなかったのかもしれないです。

――そこにはだから、大泉さんとか鈴井さんとかいないんですよね。

いました。二人が出題するみたいな感じ。

――でも、その終わった後で負けた人がみんな囲んでっていうのは、大泉さんとか鈴井さんではなく。

多分、大泉さんと鈴井さん、ちょっと車の上かなんか高い所にいたような記憶があるんですよね。なので、みんなに取り囲めるような感じじゃなかった気がします。藤村さんはみんなと同じようなところにいたので、行きやすかったんじゃないかと思います。（中略）

――じゃ、親しみはすごくあったんですね。

ありました。

（ＭＲさん＠札幌市、三十代女性）

この翌年、番組は「東北2泊3日生き地獄ツアー」（一九九九）でファンと泊まりがけで行くツアーを実施し、それも放送された。ツアー自体は初代プロデューサー土井巧さんの発案だったと聞いたが（どうでしょう全集1、二〇一九）、ファンとの距離が非常に近かったことは間違いない。ローカルテレビだから、もあったのだろうが、それとは別に両Dは会ってみるととても個人的魅力があるので、ファンが帰らなかったのもよくわかる。彼らは大泉さん、鈴井さんと「番組の中」にいるが、一方で視聴者ともしばしば一緒の場所にもいる。そのため、視聴者はおそらく、通常は遠い、あるいは見上げる存在である出演者に対しても、彼らを通して、フラットにつながっている感覚を持ちやすいのだと思われる。

テレビの世界と視聴者の日常世界が水平につながる

水平性は撮影方法からも生まれている可能性がある。そう考えたのは、二〇一八年のキャラバン最終日（七月二十九日）の映像を見た時である。私はこの時、長期研修で米国東海岸にいて、夜中にニコ生放送の中継で岩手県大槌町のキャラバンを見ていて偶然この場面に遭遇した。小雨降るキャラバンには最初からニコ生の中継が入っており、藤村さんと嬉野さんは途中で会場脇の建物に入り、中継に臨んだ。そしてサプライズでキャラバン会場とジャンボリー（「CUE DREAM JAM-BORE E」クリエイティブオフィスキュー主催のファンイベント）会場が中継でつなげられ、「どうでしょう」の次の旅（新作撮影の旅）が発表された。大泉さんはまたも事前に知らされずに突然両会場が中継でつながり、藤村さんは大泉さんに「大泉くん。そろそろ旅に出ようか」と語りかけた。話しかけた瞬間、大泉さんは「どうでしょう」の顔に変わり、驚いて、続いて苦笑いし、最後は、私の印象ではちょっと俯いて泣きそうにも映り、それがニコ生の中継の視聴者にも見えた。久しく「大泉さん」と呼ぶようになっていた藤村さんの「大泉くん」もなにやら感慨深いものだった。

この場面を見て、私は水平性の感覚は撮影方法からも生じているかもしれない、と思った。当日のニコ生の画面を見ていただきたい（図8のA、B）。Aではニコ生の視聴者にとって、大泉さんは大槌町におかれたモニターに現れるいわゆるテレビの出演者で、ここだけなら日常見ているテレビ画面そのもの。大泉さんに親しみはあっても「テレビの中の人」「対象化し心理的距離のある人」である。画面の中で、「旅に出ようか」と藤村さんから切り出された後、大泉さんの徐々に変わって行く表情（これも身体性の一部だ）はいつも通り実に見応えがあり、ジャンボリー会場にいた人によると、彼のうんざり顔に会場は大爆笑だったらしい。だが最も重要なのは、このまさに「水曜どうでしょう」の大泉さんの顔が、キャラバン（＝日常）の場の中で見られたことにある。

　大泉さんと鈴井さんという出演者（＝非日常世界の人）に対し、ディレクターの二人は大槌町のキャラバンに参加している視聴者のすぐそば（＝日常）から話しかけ、大泉さんがそれに応える。画面内に視聴者はいないが、この直前、ディレクターの二人はその大槌町の人たちのいる場所から移動してきており、窓の外には視聴者がいる。

　そして、ジャンボリー会場との中継の途中にも、多分意識的にだろうが、藤村さんは「大槌町のみなさ〜ん」といって振り向いて手を振った（図8B）。その瞬間、ニコ生で見ているこちらには、大槌町にい

A

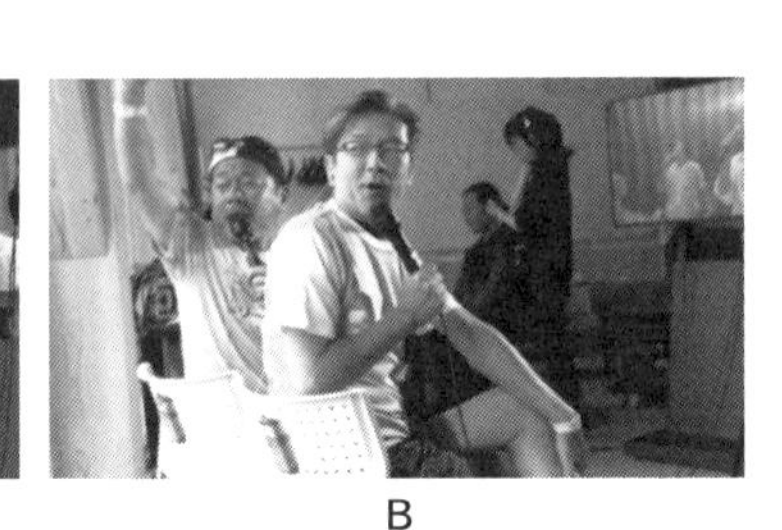

B

図8　キャラバンとジャンボリーをつないだ中継画面
（画像提供：niconico）

る人（視聴者）、二人の制作者、出演者は一つの同じ「場」の上に載っているように見えた。モニター画面の中にいる大泉さん、鈴井さんと、二人の制作者、その背後にいる視聴者がそのまま真っ直ぐつながっているように見えたのである。このことにより、視聴者にとって、モニター内に映る大泉さんは、テレビの中にいる対象（＝非日常の人）ではなく、自分たちの生活の場からつながった場所にいる人（＝日常世界の人）になる。この番組の視聴者の持つ「番組がそのまま自分の世界につながっているような感覚」はこの辺からも来るのではないか。

ジャンボリーとキャラバンを結ぶこのアイディアを出したのが誰かはわからない。だが、少なくとも藤村さんにはこういう見え方への意識が明らかにありそうである。藤村さんと嬉野さんはキャラバン会場を出て中継のための場所に移動する。そして大泉さんとのやり取りの間、「大槌町のみなさーん」と言って振り返って手を振り、屋根のあるステージにいる大泉さん・鈴井さんの二人に向かって「こちらはみんなずぶ濡れ（＝日常）だよ」という。そして中継後、なおもちょっと緊張気味の藤村さんは、そのままキャラバンでのonちゃんの大縄跳び対決にわざわざ手を挙げて参加した。その直前まで「テレビの中の人」大泉さんと話をしていた藤村さんと嬉野さんは、その直後には視聴者たちと一緒に大縄を跳んだ。視聴者の日常世界と、番組の世界（非日常）が切れ目なくつながっていく。

この効果は、たぶんジャンボリーやジャンボリー場面のライブビューイングよりも、キャラバンの現場で画面を見守っていた人たちや、ニコ生の視聴者で顕著だったのでは、と思う。オフィスキューが主催するファンイベント、ジャンボリーもまた参加者との直接のつながりをとても大事にするイベントだと聞く。その証拠に、ここのファンクラブ会報はほかに比べ、実に密度の濃い読み応えのあるものである。だが、その場をさらにキャラバンという不思議な場にフラットに結びつけて見せたセンスに脱帽する。想像だが、この制作者たち、多分特に藤村さんという人が演出というより性格として、「テレビ番組の世界」を対象化や作品化して日常と切り離すやり方を好まないのではないか。結果として番組に声や顔を出し、番組掲示板で視聴者に語りかける。UNITE2013での、参加者が番組の前枠・後枠の背景に参加した撮影（これは後に放送に使われた）も同じ場の作り方である。二〇一八年に藤村さんはラジオ番組をファンと一緒に作るクラウドファンディングをしたが、これも同じような構造である。Facebookでのクラウドファンディングへのお誘いの言葉はこんな風に書かれている。

「そして、ラジオにはまた、テレビとは違う魅力があると、なんとなく僕は感じています。／だって「水曜どうでしょう」という番組には直接みなさんが参加することはできませんが、ラジオ番組ならワイワイと参加することができる。／そして、収録が終われば東京虎ノ門にあるサラリーマンの名門居酒屋「升本」で、みんなで飲み会をしようじゃないですか！／僕らでラジオ番組を作る。／こんな時代が来るとは思いませんでした。／でも、今は出来るんですね。／やってみましょう！

（二〇一八年五月十六日、Facebook「藤やんとうれしー」より）

実際、ファンがアシスタントやガヤに入ったラジオ番組はなんだかそれまでの番組よりずっと面白かった。これらから見ると、この制作者たちには、視聴者もまた演出の対象なのかもしれない気がする。もちろん、プロである大泉さんや鈴井さんは視聴者とは全く違うし、藤村さんも「素人を映す気はない」と明言している。しかし、大泉さんや鈴井さんとテレビ番組を作ることと、キャラバンで視聴者にボランティアをさせ、一緒にイベントをすることの、発想の根底は同型に見える。いずれもまず「場」を作り、そこで何をするか達成するかは二の次。その場が場にいる人たちによってどんな風に動いて行くのか、自らも参加して共に作っていこうとする。このやり方は「制作者と出演者があらかじめの計画に基づいて「番組」という完成された作品を作り、それを視聴者に送る」ことをしてきた通常のテレビ制作とは発想が違う（もちろんこれはラジオだが）。ただ一方で、番組に「視聴者が突っ込める余地があることが重要」（四三頁）というニコニコ生放送のセンス、つまりは視聴者が番組に参加（関与）することを前提としているネットメディアと考え方が近いところは興味深い。

ネット時代に入って、タレントは「会いに行ける」位置付けに移行しつつあり、おそらくスターのような特別な価値のある人はごく限定的になる気がする。肖像権を云々する事務所は大変多いが、個人的には、それは非常に古い戦略のように思う。なぜなら、ＳＮＳに載せにくいという時点で今後一層主流になるだろうネットメディアには合わなくなっているからだ。コンサートの一部撮影、拡散ＯＫのところも出始めている。その辺の変化は今後関心を持って眺めたいと思う。

日常性

番組の持つ思想の二点目は日常性である。番組内で大泉さんは実にタフである。カブでウィリーしたときも名言を残すくらい平気なふりをし、藤村さんもまたそれを見て何事もなかったように笑う。ドイツの街道で、夜遅く宿を探して車を飛ばした挙句見つからなかった時も、藤村さんは平静な声で「ここをキャンプ地とする」と宣言して路肩にテントを張る。マレーシアの動物観察の小屋で一夜を明かした時は、夜遅くに外で動物の目が光り、すわ虎かと四人で大騒ぎした挙句「鹿でした」とわかる。普通であれば、前二つは「始末書モノ」だし、最後など当事者も「これはロケどころじゃない」と言うに違いない。しかしこの四人はそれを番組にし、笑って済ましたのである。

その日に走る距離の測定も雑。それが可能かどうかの見込みも雑。だがその事自体が、もともと計画通りには進まないのが常な日常そのものであり、計画よりそこで起きる大事小事をタフにダイナミックに受け止めることが大切にされている。物事をただ計画通りに進めるより、緩さ（寛容さ）をもち、当人たちで、生じる様々な出来事を受け止めていこうと考えているように見える。これについても杉江松恋氏の分析は抜群に素晴らしい。

外国の道ばたでテントを張る

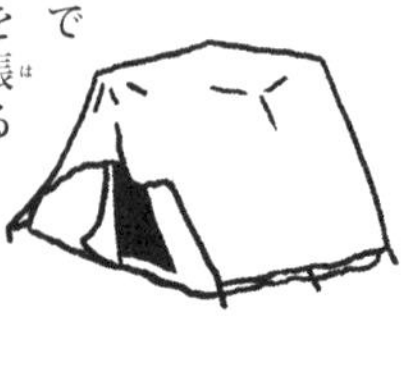

「藤村はまた、この番組が視聴者に受け入れられている要因の一つは「なんやかんや言いながらもあの人たちはどっかで、笑ってすませるんだろうなと。そう思うと、なんか、安心して見ていられるというか」という日常に回帰する部分にあるのだと分析している。

何が起きても特別な出来事にならず必ず元に戻る。日常は弾力に満ちており、そこに暮らす者を包み込もうとしている。そうした「非日常を圧倒する日常」が、かの番組の制作者・出演者に共有されているというのが私には非常に興味深く感じられるのである。その面の厚さ、呑気さ、でたらめさ、微笑ましさ、雑さ、普段使いの器のような手に馴染む心地よさの総称が、おそらくは「水曜どうでしょう」という番組の中核にあるものなのだろう。

（杉江（二〇一七））

杉江氏の番組に関わる書評はとても鋭いので全文を読むことをお勧めする。この指摘と共通することはファンのインタビューにもあった。

――番組はなぜ面白いんでしょう？

ハプニングを欲しがってる、みんな。洋ちゃんも含めてみんなハプニングを面白がってて、そのハプニングをどうにかしてくれるって、見ている私たちも安心して見られる。結局そのハプニングも面白い出来事になる、と見ている私たちも思っているから笑えるんだと思うんですよね。だからハラハラドキドキではないですね、何が起こっても。

――安心感があるってことですよね。

前にドイツで野宿した時に、「ここをキャンプ地とする」って言って突然道端で野宿したじゃないですか。あれ自分だったらもう恐ろしくてあんなことできないと思うんですよ。何にもわからない海外で、突然道端で「キャンプ地とする」って言ってテント張り出して。絶対怖くてできないことを、彼らは笑いながらやってる。で番組として成り立っている以上、それは実際に笑い話として終わっている。非日常を安心して笑って見てられるというか（笑）。でも起こりうるんですよね、自分にも。私、方向音痴だし、突然知らないところで迷子になることとか日が暮れることも多分あるし。

（MRさん＠大分県、三十代女性）

この番組の名場面は、本質的には非日常場面が多い。でも、それらは危機という非日常にはならず、笑って日常の中に回収される。大泉さんの有能さは時折副音声で語られるが、本当にこれらは凡庸なタレントさんたちでは到底対応できないだろう。私の知人（男性）に、「結婚は『嵐の中の港』ではなく、『港の中の嵐』」という迷言を吐いた人がいるが、ちょっと似ている。この番組では大概、港の中の嵐の話をしているのだが、時には本当は港の外側から嵐が来ているのに、まるで港の中で起きた話のように澄まして片付けてしまうのだ。それはこの人たちの凄さでもある。そしてこの日常性が、次に述べる、視聴者にとっての安心感の源の一つである。

ごくろうさまです

安心感

最後に挙げるのは「安心感」である。水平性や日常性については、呼び方の適否はさておき、制作者側がある程度は意識しているのではないかと考えているが、安心感は意図外のものだと思われる。実際、藤村さんは常々「人を癒す気なんて全くない」と言う。だが、そういう気が全然ないのに、かなり多くの視聴者がそういうものを読み取っているのは断言するが間違いない。そしてこれはファンにとってとても大切なものである。

インタビューをした方ではないが、長年のファンで今も毎日番組を見ている四十代の主婦の方がいる。小柄で真面目で大人しそうな女性でお子さんが一人いる。この方は毎日飲食店でパートをした後、帰宅すると必ず番組を見、それからご飯を作るそうである。

雑談中、なぜそんな話になったのか定かではないが、彼女はコンビニや電車の中で鬱憤ばらしの対象になることが多い、と言った。言い返したりしなさそうに見えるのをいいことに、非がないことについて因縁をつけられたりするそうである。私がもっと目を引くような美人だったらそんなことはないんじゃないか、と悲しそうだった。夫にも「お前なんて社会でも家庭でも誰のためにも何の役にも立ってないくせに」という酷いことを一時期言われていて、そんな時、番組に出会ったらしい。『どうでしょう』を見るとそういうことを忘れる」。だから、外から帰ってくると、「『どうでしょう』が足りてない」のでまず番組を見、それから家事に取りかかる、と言う。「なぜそんなに元気になるんだと思う？」と聞いたところ、彼女はこう言った。「あそこには怖いものが何一つ映っていない」。なんだか胸を突かれてしまった。どうしてもそれが気になってメッセンジャーでもう少し聞いてみたところ、次のような返事をいただいた。

「（略）どうでしょうのあの人たちは、誰がすごいんだとか誰が偉いんだって見せつけたりしない。男の人が四人もいれば、立場の上下や力関係がでると思うんですが、どうでしょうには、みんなの立場が変わらない。鈴井さんは確かに大泉さんにとっては社長だけど、どうでしょうの中では、「あんた、なにしてくれてんだよぉ」とか言って、どうでしょうの中では、立場が変わらない気がします。誰が一番おもしろいとか、強いんだとか競うように力を見せつけてこないから。だれも意地悪じゃないし、偉そうにしない。そういうところが怖くない気がします」（原文ママ）

まえがきに書いたが、私も番組を見るととても安心する。理由をずっと考えていた。それは、レジリエンスの部分に書いた心理的なプロセスだけでなく、この番組の思想とも関係するだろうと考えている。彼女の言葉は水平性と関係するが、安心感を感じる理由はもう少しあるだろう。

一番大きいのはおそらく、既に書いた、この番組の日常性の尊重（二〇一頁）から生み出されているのだと思う。改めて確認したところ、この特徴は本当に最初からである。最初の企画「サイコロ1」（一九九六）では途中の車中で「十五日には帰らなければいけない」という会話が出てくるのだが、その理由として、鈴井さんの「Ａｉｒ－Ｇ〔注：ラジオ〕の仕事がある」はテレビ的にもまああるとして、大泉さんの「親戚の人が来るから」、ディレクター（藤村さん）の「子供の運動会があるから」が語られ、最後も「ディレクターは子供の運動会を見に行った」で終わる。これはClassicにも出てくるので、テレビでの最初の放送時からそうだったらしい。この番組は最初からディレクターが妙に出てくるが、それだけでなく、こういった日常と関わる会話がカットされず当たり前のように出てくるのである。「夏野菜」（一九九九）の最終日にも「僕はねえ、娘がねえ、今日三時からプール行きたいって言ってたの」と、藤村さんが昼ご飯を作るのに午後四時までかかった大泉さんに苦情を言う場面が出てくる。第三章で書いたように、HPのスタッフルームでも個人の生活感のあるコミュニケーションをしている。私は当初それはネット掲示板という性格上そうなったのかと思っていた。だが、どうもそうではなく、この制作者たちはこのように最初の企画からして、自分たちの日常生活の匂いをそのまま番組に出しているのである。

このスタイルは、性格もあるが、彼らの笑いと地続きのところもあるらしい。というのは、二人が制作に参加したテレビドラマ「チャンネルはそのまま！」（二〇一九）で知ったことである。HTBをモデルにした佐々木倫子の漫画が原作のこのドラマに、監督としてだけでなく俳優としても出演した藤村さんはインタビューにこう答えている。

「俺がこのドラマの演出で意識していたことは『日常』を丁寧に表現すること。そこは監督のときも変わらなかったよ。大事な芝居の後視聴者が真剣に耳を傾けなくていいどうでもいい会話が始まると、そこから日常に帰っていく感じがして、ちょっと気が抜けてクスッと笑える、そしてやがて本題がまた始まる」

（北海道テレビ放送「HTB開局五〇周年ドラマ　チャンネルはそのまま！」パンフレット（二〇一九）「監督と監督」より。傍点広田）

これがファンの読み取る安心感ではないだろうか。日常に帰っていくとほっとしてクスッと笑える。安心する。懐かしさを感じる。これを読むと、私たちが「水曜どうでしょう」を見て感じる日常性は、単なる偶然で出ているものではないことがわかる。日本の実世界は、現在は以前よりずっとタイトである。有期雇用で働く人が増え、格差社会となり、昔の「サラリーマンは気楽な稼業ときたもんだ」という世界はほぼ消滅した。いつも緊張し、失敗は許されないと思わされている。テレビでさえ、妙に頑張っていたりする。そのタイトな現実生活の中で「どうでしょう」を見る人たちは、番組の懐かしい日常性にほっとする。

　このインタビューで藤村さんはもう一つ興味深いことを言っている。「〔台本にある〕セリフのやり取りだけで物語を進めていくと、決め事だけが進行していくみたいで、そこにあるはずの日常っぽさが薄れる。」（同前）。これは、なぜ番組中アドリブを常に出したかの説明だが、これを読んで連想したことがある。それは『仕事論』（藤村・嬉野、二〇一九）の中のキャラバンに関する記述である。前にも書いたが、キャラバンはHTBによる番組関連の物販が中心のイベントなので当然HTBが「公式グッズ」を販売する。だが、それ以外に藤村・嬉野両Dや、いつしかキャラバンに参加してきたアーティストまでもが店を出し、「バッタもの」と言われる個人的に作ったグッズを売っている。私は秋田の由利本荘でキャラバンに初めて参加した時、受付のそばで十時前にのんびり開始を待っていたら、藤村Dご本人が「バッタもの」（缶バッジなど）をリヤカーに乗せて引いて現れたのでものすごく驚いた。しかも、そこで掛け声をかけて、それをファンに売り始めたのである。このバッタものはキャラバンで人気がある。しかし、なぜバッタものを売り始めたのか。もちろん「個人的に稼ぐ」も目的の中にあるのだろう。だが、どうやらそれだけではない。その説明が『仕事論』にある。「番組グッズだけでは、いろんなことが停滞してしまうような気がするからです。お客さんだけでなく、番組グッズを作っている担当者も『こういうグッズを作っておけばいい』みたいに考えて、疑問は持たない。そこに起爆剤と言うか、おかしなものを勝手に作って売り始めると、イベント自体が回っていくと思うんです」（二〇〇頁）（傍点広田）。このうさん臭さが、キャラバンをファンに人気のあるイベントにした一因のように思った。

テントを立てて商品を売るイベントは別に珍しくない。だが、そういったイベントは「決め事」、つまり計画を立てて組織的に、遺漏なく行うことを目的とし、実施される。それは現代社会では当たり前の光景だが、逆に言うとそこに「組織」や「計画」はあっても、粛々と行われれば行われるほど個人や日常から離れていく。そこにこういったイレギュラーな要素が入ることで、急に人間くさくなり、個人が見えてくるのだろう。決め事だけが進んでいくと、日常っぽさが薄れていくのは、「どうでしょう」も同じである。彼らには最初の企画はあっても、後はその場のアドリブに任せる。それは勇気が要るし、各人がアドリブに対応できるだけの能力が必要だが、なるほどそうすることによって日常性が出てくるのか、と改めて思った。これは彼らが無意識に持っている価値観なのだろう。そしてその日常性が笑いにつながる。そして視聴者は笑いの手前でそこにある日常性にほっとして安心する。

「怖いものがない」（二〇五頁）というのは、嘘がないこともあるだろう。この番組はところどころで軽微な法令違反やコンプライアンスで問題になる部分がある。鳥取砂丘の砂を持ち帰った（実際には駐車場の砂だったそうだが）として国立公園法違反と新聞沙汰になった砂問題や、大泉さんが鈴井さんのいるＡｉｒ－Ｇのスタジオからいきなり「拉致」された企画（「桜前線捕獲大作戦」（一九九八））も、北朝鮮による拉致がクローズアップされた社会情勢下では問題になった。「キー局、準キー局でも放送できない」（テレ朝営業の友人）というのはこのあたりにもよるのだろう。だが、コンプライアンスの点でＯＫなはずのキー局の番組が、では怖くないかと言うと、個人的にはむしろその方が怖いと思うことがある。綺麗にまとめられた番組の裏でどういうやり取りがあるのか、出演者の表情を見たり声を聞いたりするとつい憶測してしまうことがあるからである。「どうでしょう」ではそういうことがない。後述するが、「思ったまま」（ＳＷさん、二四四頁）を口に出すことが、逆に安心感を生んでいるように思う。

すでに何度か書いたが、日常性というのは案外あっという間に壊れてしまうものである。クライシス状況もそうだし、震災も、日常が瞬時に壊れる例である。買い物一つとっても店は開いていないから普通にできない。買ったものを奪われるのではないかとものすごく不安になる。小さな余震もとても怖く感じる。本当に、ごく些細なことで日常の平和さは壊れてしまう。でも「どうでしょう」の中では呆れるほど日常の平和さが保たれている。それを見て、私たちは失った日常がちゃんとそこにあることを思い出す。この話の最後はファンの方の言葉で締めたい。

――「どうでしょう」を見ると癒される、という話があるんですけどそう思いますか？

そう思います〔きっぱり〕。さっきの「ベトナム」を観たときの話と関係すると思うんですけど、やっぱり本編として見ていたときのことも含めて、いい具合にリターンズで思い出させてくれるというのは大きいと思うんですよね。自分の経験を思い出させてくれるところがあるし、バカバカしいんだけど誰も悲しむわけでもなく、っていうバラエティにしては異質なところがあるので、ボケーっと三十分見てられるっちゅうのはあるのかな。というのは思いますね。

――誰も悲しまない、ね。

なんていうんでしょうね、バカにされるわけでもなく――バカにされてるのかな、大泉さん、いや違うと思うので――そういう温かな中で様々なやりとりをほっとして見ていられる、というところはあると思いますね。

（ＩＴさん＠稚内、三十代男性）

第七章　ファンコミュニティの現在

最後に、ファンコミュニティがなぜできたかをちゃんと書こうかと思っていたのだが、すでにここまで随分いろいろ書いてきたので、「もう今更振り返らなくていいですよ」（ラストランである「ベトナム縦断」の最後の藤村Dの言葉）という感じもしてきた。ページ数ももうあまりない。ということで、少し気楽に幾つか、私がこの二年半（二〇一六年十一月〜二〇一九年六月）に見聞きしたことをベースに、コミュニティの今を断片的にご紹介してみよう。

番組のファンの広がり

番組を研究しようかと思いついた頃、私にとって「水曜どうでしょう」のファンのイメージは、以前に短大で教えた車好きな女子学生、都市大の自分のゼミの静岡出身の男子学生、それにネットで見ていた、ちょっと怖い印象の人たちだった。バイクや車の好きな、やや怖そうな見た目のお兄さんや巨漢。おばちゃんたち。北海道の人たちはともかく、全般的に言うと、恐縮だが日常自分の周りにいるような人のようにはあまり思えなかった。第一章冒頭の記述は私の正直な実感で、だから、人にはほとんど言わなかった。

ところが、「番組を調べています」と少しずつ（やむを得ず）周囲の人に開示していったところ、フアンが案外たくさん周りにいたのである。まず姉夫婦。義兄は現場のある仕事ではあるが、ある組織（一万八千人いるらしい）のトップまで務めた人である。その義兄（神奈川県出身）が長年、食事の際にはいそいそと番組にチャンネルを合わせていたらしい。共同研究をした北大出身の女性研究者も夫がファンだと言っていた。ただまあそれは北大出身だから、とその辺までは序の口だった。

半年経った一昨年、東京都市大学の横浜祭（学園祭）に嬉野さんをお呼びした時はびっくりした。図書館や職員にもファン（主に女性）がいた上、特に神奈川出身の複数の同僚教員がファンであることが次々わかった（嬉野さんを呼んだおかげで、私はその後の大学内の事務処理が進みやすくなった、という恩恵も受けている）。当日はFacebookを使って「ライブお悩み相談」を行ったのだが、撮影を担当してくれた、動画配信ゼミ四年の真面目そうな男子学生は、なんとパルコの小祭り（二〇一四）にまで行った藩士。情報系の機材担当の技術職員は、彼の友人（外部の方）がファンで嬉野さんの講演に参加する予定だったとのことで、学園祭当日まで二人で懇切丁寧に設備担当をしてくれた。

そして私が一番驚いたのは、前夜、嬉野さんの本のサイン会のため、控室に事前に送ってもらった本を運び込んだときのことである。控室はすでに施錠されていたので警備員さんに来てもらって部屋を開けてもらった。先に言っておくが、私は日頃警備員さんとあまり話をすることはない。せいぜいが夜遅く大学に残留し、「まだ残ります」「施錠してくださいね」といった会話程度である。それに警備員さんは外部委託で複数いるので、意識したこともなかった。ところが、その日は本を運び込んだところ、警備員さんに「明日の講演の準備ですか」、「僕、すごくファンなんです」と突然話しかけられたのである。警備員さん（多分四十代）は、「僕の世代はまさに『どうでしょう』のファンの世代なんですよね。横浜祭やるとご近所からは例年『音がうるさい』というような苦情が多いのに、今年は講演会の問い合わせがたくさんあるらしいし、すごいです。残念ですが講演の日時には、もうすでに仕事のシフトを入れてしまったので、行けなくてすごく残念です。だからぜひ来年もやってください！」と熱心にお願いまでされてしまったのである。この件には本当に驚いたし感激し、またこの番組の不思議さを感じた。（彼との約束は、私が次の年に長期研修に行ってしまったのでまだ果たしていない）。

あるいは他のテレビ番組でもそういうことはあるのかもしれない。ただ、静岡の北海道物産展で会った初対面の若者にしても、その後話をした多くの人たちについても、この番組のことを語るファンの人たちは、皆一様に幸せそうに、楽しそうに、そして憑かれたように熱心に番組について語り、それはとても印象的である。そんなテレビ番組、本当に稀なのではないだろうか。

この本のインタビューではコアなファンの話をしてきたが、改めて書いておきたいのは、コアなファンの周りに、本当に多様な数多くのファンの広がりがあるということである。秋田のキャラバンで会った上品な五十代の紳士。私が呑んだ秋田駅前の居酒屋の店主ご夫婦。米国の大学で出会った、秋田出身の、ＪＡＸＡの若い優秀な女性研究者。表紙の装画と挿画を描いてくれたゴトー画伯がファンなのはむろん知っていたが、本を出すことになったら、慶應義塾大学出版会というこの硬い学術出版社の営業さんにもファンがいたし、ブックデザインのデザイナーさんもファンだそうである。神保町の有名専門書店にも藩士がいた。もちろん首都圏で年齢が上の方は番組を知らない人も多い。でも、実はこんなにファンがいるのか、というのは私にとっては本当に驚きだった。

これだけファンがいるのに、名前は知られているとはいえ、全国で完全なメジャーにならなかったのはなぜだろう。私は今回調べていくうち、テレビ関係の専門家向け雑誌で、二〇一一年頃だったと記憶しているが、テレビの苦境を打開するために『水曜どうでしょう』がなぜ成功したかを真面目に研究した方が良いのではないか」と書いてある評論を読んだ。つまりは、成功は認識されているが、措かれているらしい。またテレ朝の友人の話から推測すると、どうも、キー局側からはやや「めんどくさい存在」で、あまり評価したくない、無視したい風もあったように見える。もしテレビ業界自体がそうなら、おそらく業界と関係のあるメディア（キー局、雑誌など）はそもそも取り上げにくかっただろう。だが、繰り返すが、そういう状況と関わりなく、ファンはあちこちに、実は沢山存在していることをこの二年半で改めて知った。

もう一つ学園祭で知ったのは、「どうでしょう」のファンについてのステレオタイプがある、ということである。ご近所の方が講演会に来てくださったのだが、その後やり取りをしていて、普通のイベントには「あのファンの人たちに交じっていくのはちょっと……」とおっしゃる。たぶん、そういうステレオタイプなイメージが、ファン層が限られているかのように感じる一因だろうと思われる。だが実際には、非常に多様な人たちがこの番組のファンなのである。

言語を共有するコミュニティ

さて、もう一つどうしても書いておきたいのは、この藩士コミュニティは名言や場面を共有する、言語を共有する共同体だということである。こういう番組は非常に珍しいだろう。結果として、この番組には名言のカルタまである。例えば大泉さんがカブで東日本を走っている時、ギアをローにして発進したため、ウィリーしかけて危うく車止めに突っ込みかけた有名な場面がある。ここで大泉さんはファンによく知られた「ギアいじったっけ、ロー入っちゃって、もうウィリーさ」という名言を言った。そこでカルタでは、上の句「ギアいじったっけ、ロー入っちゃって」を読まれたら「もうウィリーさ」の札を取らなければならない。ファンは名言が大好きで、キャラバンでもよく使われる（第一章参照）。

まえがきにも書いたが、共通言語の存在が共同体の意識を醸成する上で重要だというのはベネディクト・アンダーソンが国民国家の成立に関して指摘したことである（アンダーソン（一九九七））。例えば、ヨーロッパでは歴史的に国境線が何度も変更されている。その中で、小さい村落のようなコミュニティが、近代国家に統合されていくプロセスで重要だったのは、学校における「国語」教育である。それまではローカルに各コミュニティが持っていた言葉が、学校という制度を通して、ある特定の標準語（例えば「ドイツ語」）に統一され、それによってコミュニケーションが可能になる。その「言葉を共有する」ことが国民国家としての意識の醸成に非常に重要であった、という主張である。言葉が同じことで「同じコミュニティに所属している」共同体意識が生まれ、その点、国家であろうが、テレビのファンコミュニティだろ

うが同様で、名言の共有が藩士コミュニティの紐帯を強くしていることは間違いない。

実は個人的な体験としてもそういうことがあった。参加したキャラバンの一つに、山形県の肘折がある。新幹線の新庄駅からバスで四十分という山中だが、キャラバンが毎年開かれていることから、肘折にはとりわけディープなファンが集まることで知られる。

二〇一七年、私は友人になった宮城のファンの女性の車で肘折のキャラバンに行き、一泊したのだが、彼女は名言カルタを持参してきており、ぜひこれを夜やりたいという。ただ私はその時あまり体調がよくなかった。そこで、やむを得ず彼女は宿に泊まっている他のファンの部屋をノックして回り、応じてくれた酒田のホテルにお勤めの四人（コック長さん、受付の方等でいずれも四十〜五十代の女性一人、男性三人）を連れて戻り、私も含めて六人でカルタをすることになった。もちろん初対面である。が、これが実に愉しい体験だった。前述のように、番組を知らない人には何の意味もない、訳の分からないカルタである。これをいい年をした大人が全員で熱心に取る。取りながらいろんな話（その旅館の料理の話とか、番組が使った酒田のホテルの話とか）をした。番組に出てくる「大法螺」という日本酒を飲みながらカルタを取り、約二時間以上も大盛り上がりして夜中に解散になった。不思議な夜だったが、愉しかった。一緒に行ったファン歴の長い女性は「私の『どうでしょう』のファンの集まりの愉しさはこんな感じなの」と言っていたから、こういう集まりはそんなに稀なことでもないようである。

後から、何かに似ている、と思って考えて思い当たったのは、海外の宿である。海外の、それも日本人の少ない国で、同宿で日本人とばったり出会った感じに似ているのである。日本人がほとんどいない異境の宿で、急に日本語で話しかけられたらほっとして、たぶん一緒に食事をしたり、しばらく行動を共にしたりするだろう。その「ほっとした感じ」に何だか似ていた。他人に対する親しみやすさはお互いの類似度と関連するというのは社会心理学の古典的知見だが、同じ言葉を使うというのはたぶんその中でもとりわけ重要な要素であるに違いない。アンダーソンの指摘を地で行くような体験だった。そんなことから考えても、ファンのコミュニティで番組から生まれる名言をたくさん共有し、そしてそれが外集団（自分たち以外の集団）の人にはわかりにくければわかりにくいほど、内集団、すなわちファンのコミュニティの紐帯を強くしてきたに違いない。

年齢も職業も多様な人たち。しかし、同じ名言や文脈を共有する。番組に対する共感を共有する。そして次の項で書くように、強弱はあれど、共に「番組につながりたい」という気持ちをも共有しているのである。

ファンコミュニティと「つながる」

改めてまとめて考えると、ファンコミュニティ、特にコアなファンの人たちを特徴づけているのは、結局「番組とつながっていたい」という気持ちが非

図９　名言カルタに興じるファンたち
写真を撮るので皆それらしいポーズをしてくれた。机の上にあるのは番組に出てくる日本酒「大法螺」。2017年９月、肘折温泉にて。

常に強い、ということである。そして現時点では「番組と」に留まらず、番組について共感を共有できるファン同士でつながり、集まることも目的の一つになっている。なぜそうなるのか。それは番組が自分の世界とつながっているという強い臨場感を経験したことや、結果的にそれを自己経験とした部分もあるだろう。気づかないながら強い身体性による魅力に惹かれた部分もあるだろう。そのゆい世界は遠い別の世界ではなく自分の世界の延長のどこかにある。そして番組自体が「四人の旅」で、ファンはその関係性の中にできるなら五人目として入っていきたいと潜在的／顕在的に思っているのもあるのだろう。自身のクライシスが背景になっている場合はますますもってそうかもしれない。こういったものがファンの間で共通し、まるで憑かれた様に「番組とつながりたい」という気持ちに結びついていくようである。

そのことが、グッズやDVDが売れたこととも関連している。第一章のNKさんのように「ベトナムからしばらくは二枚ずつ買ってました。保存用と、鑑賞用と。とにかくなくなったら終わりだと思っていたので。」（五四頁）というような行動は、実はコアなファンの間でかなり共通している。DVD発売当時「プレイヤーがないのにDVDを買った」という例（一〇四頁）も同じである。つい最近だが、コアなファンの一人Kさん@埼玉県が、一番くじでグッズを箱買いしたとき（二〇一四年）のことをFacebookの写真でシェアしていたので、どうして箱買いしたのか直接メッセージで伺ったところ、こんなお返事をもらった。

> これは初めて水曜どうでしょうの一番くじが発売された時のものです。この後、第二弾が出るとも思っていないし、更に年に二回ペースで出るとも思っていないので、これを逃したら二度と一番くじになることは無いだろうというレア感と、二〇一三年の祭が終わり、「水曜どうでしょう熱」がピークになっているにもかかわらず、北海道から離れた場所ではなかなかどうでしょうに触れ合う機会が無い、そんなどうでしょうへの飢餓感が強かったがゆえの所業だったと思います。（後略）

『水曜どうでしょう』への飢餓感」。つまり、グッズが欲しいとかいうことではなく、とにかく「番組とつながり続けたい」気持ちが購買行動に結びついているのである。

一九九〇年代以降様々な領域で、つながることを動機とした行動が指摘されている（例えば「つながりの消費」（宇野（二〇一三））、「つながりの社会性」（北田（二〇〇五））。だが、そうは言っても「どうでしょう」でのコミュニケーションは、例えばつながりの社会性の典型例とされた2ちゃんねるアートなどとは違うところがある。それは2ちゃんねるが匿名性を特徴とするのに対し、「どうでしょう」では制作者側が個人を明かすとともに、視聴者側も個として特定される傾向を持つ点である。番組掲示板で匿名とはいえニックネーム「〇〇@XX県」という個人としてやり取りできることで、通常は視聴率の数値を構成する一部でしかなかった視聴者は、初めて個人になったように思う。

これはローカルだったからでもあるし、制作者側の信念だったのかもしれない。「本日の日記」の中で、コメントをつけるだけでなく、彼らは繰り返し、「全部は載せられないけど送られたものは全て読んでいる」と書いている。番組制作者としては別にそんなことをしなくても構わなかったはずだ。

そしてある時点で双方向を止めた。それは拡大するファンの数に対応しきれなくなったから、だろう。イベントも同様で、二〇一三年の祭りでチケットが取れなかったファンが沢山いたことを考えると、規模を拡張する方が普通だろう。だが逆に縮小し、車座で飲むようなイベント、キャラバンや、さらに三十人程度で飲む「藤やんとうれしー」の寄合に移行した。それは彼らが言うところの、零細企業（？）の分にあった規模を守ったこともあるだろうが、スタンスとしてお客さんである視聴者と個として向き合える規模を守ろうとしたということでもある。彼らは抽象的なファンという集団ではなく、藩士という個人と番組を介して付き合っていこうとしているように見える。コンテンツだけでなく、この視聴者を個として扱うスタンスが「つながりたい」ファンコミュニティを育てた部分もあるだろう。

「大泉さんに「バカ」というのと私たちに「バカ」というのは同じ」（八七頁）というのは、水平性だけでなく、視聴者もまた個人として扱われることを感じ取った言葉のように思う。心理学では個として扱われることの心理的重要性はよく知られているが（個が特定されない没個性化の効果の古典的研究はZimbardo（1969））、そうやって「大泉さんと同じ（一人の人間として）「バカ」と呼ばれたい」が、「つながりたい」の背景にあるように思う。テープが擦り切れるほど番組を見る。番組との関係をアイデンティティの一部にし、番組のタニマチとしての自分の存在を認識する。さらに積極的につながりを求めてイベントに行き、キャラバンでボランティアをする。「水曜どうでしょう」のファンコミュニティは、多分そういったものの上に成立している。

テレビでのSNSを使った番組コミュニケーションは、視聴率にはあまり影響しなかったが、DVDはそれなりに売れた、という（第三章）。この売れ方は「どうでしょう」と共通性があるが、DVDの購入が番組と
の関係をつなぐ購買行動であるなら、視聴行動も通常の視聴率で把握されるものと意味が異なっているのではないか。

ネット上では技術的には以前の匿名のマクロの人々（＝マス）をミクロ（＝個人）に還元可能になり、結果として現在の視聴者は匿名ではあっても個を出すこと、また個として扱われることにもはるかに慣れている。私はテレビ研究の専門家ではないが、テレビのコンテンツの面白さを論ずるのとは別に、こういった環境変化の下ではビジネスモデルはもはや変わらざるを得ないし、逆にこのあたりには新しいヒントもあるように思う。

番組世界に入り込みたい

番組に戻ろう。

「番組とつながりたい」は別の形でも見られる。この番組のファンでは「聖地訪問」がとても盛んである。「どうでしょう班」が行ったところに行くのは多分ファンの旅好きの延長にある。だが、この番組のファンにとって最も重要な聖地は番組が撮影されたHTBの旧社屋（札幌の南平岸）と、それと隣り合う平岸高台公園である。特に後者は番組の前枠・後枠をここで撮り続けたことから、訪問するファンは数知れない（私ももちろん行った）。

図10はその例で、ご本人の了承を得た上で掲載させていただいた。彼女は「タコ星人」の被り物を被ってポーズをとって撮影している。写真ではよくわからないと思うが、三十代半ばのなかなかの美人さんである。私は彼女に最初あるイベントで会ったのだが、その時も彼女はｏｎちゃんの被り物をしていた。そういう被り物をする人は男女問わずこのファンコミュニティにたくさんいる。実はその時、ファンになって日の浅かった私は、「どうしてこんな美人さんがこんな妙な（失礼！）被り物をしているんだろう」と思ったのだった。だが今になってみるとわかる。

この番組のファンの人たちは、ファン同士でつながりを求める強さもひときわ強い。彼らがこういった被り物をしたり、番組のTシャツを着たり、缶バッジやキーホルダーのようなものを沢山つけ、車に番組名の入ったステッカーを貼るのは、番組に対するアイデンティティの発露である。同時に、それをつけることで他のファンに発見してもらい、それによってつながっていこうとしているのである。

図10　聖地訪問
平岸高台公園で、番組のキャラクターの1つ「タコ星人」の被り物を被ってポーズをとる女性ファン。

そしてもう一つ。もっと重要なのは、番組世界の中に入りたいという欲求の表れでもあるように思う。何度も書くが、ファンにはクライシスに遭った人も多い。ここを何度も訪問し、写真を撮るのは、この呑気で平和で明るい場所――嬉野さんが「ここはなんていいところだろう」と思った場所――である番組世界につながり、できれば入り込みたいという潜在的欲求があるのではないか。

この番組の放映された期間は再放送やDVDまで含め、約二十三年間ある。ファンの多くは異なる時期にこの番組を見た。時期は違っても、何度も何度も見た番組はファンにとっては自伝的記憶のように自分の人生のどこかに組み込まれ、異なる時期に見ながらも、その旅やシーンを他人と共有することになる。特にクライシスの後に見た人は、自分の人生のその重大な出来事とともに、番組のことを強く記憶している。各人が違う時期に、同じ時期に撮影された番組を見、後日それを別のファンと共有する。それを俯瞰的に眺めると、まるでタイムトラベルをしているかのように感じる。

番組が最初に「風景」を視聴者に与え、視聴者たちがそれに時間や地域の異なる場所で自分の経験を加えて重層的にする。それを現在から振り返ってみると、それぞれの物語が付加された向こう側に「共通した風景」が存在しているように思える。それが、例えば平岸高台公園である。そして、きっかけがあるたび、その共通した風景を、それぞれ自分の物語（経験）が加わったものとして懐かしんでいるように思える。ファンコミュニティは繰り返し視聴を行った結果、名言だけではなく、風景も共有している。その意味では一種の同郷の友のようなもの、と言えるかもしれない。

「人を支える」番組

再び、少し心理学の話をしよう。我々が社会生活を送るとき、社会的アイデンティティ、つまり特定集団に対して自分が所属感を持ちたいという欲求があり、それが心理的安定の上で重要だというのは心理学の定説である。一つには、特に災害も含めクライシスの際に、個人で解決するのが難しくても、所属集団による心理的サポートグループがあることではじめて乗り越えられることがあるからである。そして、通常最初に所属感を持つ集団は「家族」である。だが、集団に対する所属感を自然に持つことは、実は必ずしも簡単ではない。例えば両親の国籍が違う場合、子供は自分がどちらの文化の集団に所属する人間かについて悩むことがある。日本で育って日本の教育を受けているのに見た目が外国人風だと「ふつうの日本人」とは扱われないため、自分では日本人集団にアイデンティティを持っていても受け入れられず、所属感を持つことができず葛藤が生まれる。さらに現代社会では、所属感を持てるはずの家族にむしろ傷つけられる人もいる。例えば虐待やＤＶも決して珍しくはない。形の上で家庭があっても、そこが所属感や信頼感を持てる場所とは限らないのである。加えて単身世帯が三割を越える現代、従来のような地域コミュニティや家族が必ずしもサポートグループにならないことは多い。

「水曜どうでしょう」の藩士コミュニティは、テレビ番組のファンコミュニティであるのに、不思議なことにそんな所属集団の役割を担っている部分があるように思う。そうなったのにはいろいろ理由があるが、最も重要なのはやはり、レジリエンス効果や番組に対して感じる安心感の存在、だろう。

番組に出会うことによって人生のクライシスを克服し、支えられた経験があることで、ファンは自然にその番組との「つながり」を重要に感じ、一種の「支えてくれる源」としての所属感に結びつく。

実は振り返って考えてみれば、この番組の周りではそここに、そういった不安を解消し人を支える要素が存在するのだ。キャラバンでのイベント「大安産祈願」（第一章）。おかしなイベントだが、よく考えてみると出産時はほとんどの妊婦が精神的に不安定になるそうなので、その不安を「笑いで紛らわせ、支える」ものである。また嬉野さんは掲示板で直接的に「お悩み相談」をしてきた。その後二人の書いたものにもお悩み相談がある（「悩むだけ損！」（二〇一二）「続　悩むだけ損！」（二〇一三）「続々　悩むだけ損！」（二〇一四））。現在の二人それぞれがやっているラジオやネットでのイベントでも「お悩み相談」は常にとてもポピュラー（例えばヒゲ千夜一夜には「ダンディ相談室」がある）で、そして彼らはそれを嫌がらない。そしてファンも、彼らに「受けとめてもらう感がある」（ITさん、二四五頁）。この後のMRさんも同様に「親しんでいいよ」と番組側から言われているように感じている。だからこそ、ファンは番組と「つながりたい」し、他のファンともつながりたいのだろう。

――（「藤やんとうれしー」について）最初、宗教みたいだって言われてたの知ってます？

ああ、はい。聞いたことあります。

――怖くなかったですか？

怖くは。自分がそこにずっと、宗教みたいって言われる前からいたので、そうなってくのが怖いとかそう

いうふうには思ってなかったんですけど、そう見られても仕方ないかなって思う部分はありました。

――それはどうして?

ファンの濃さが違うっていうか。さっきも話ありましたけど、人生変わったぐらいのコアなファンが多かったり、なかったら生きていけないみたいな方が多くて。藤村さんとかのカリスマ性みたいのもあるじゃないですか。だから、〔大泉さんや鈴井さんは〕いないけど人があんなに集まるっていうのは、藤村さんと嬉野さんに人が集まる力があるから、番組じゃないのにそうやって人が集まったり、掲示板にもすごい書き込んだりとかっていうのが宗教っぽいって言われるのもそうかもしれないなとは思います。

――藤村さん、嬉野さんに、人が集まる力がやっぱりあるんですかね。

うん。あるように感じます。

――でも、大泉さんとか鈴井さんとかNACSとかとはちょっと違うわけですよね。

そうですね。なんだろう。違いますよね。やっぱりNACSさんたちは、芸能人。藤村さんもお芝居とかやってても、結構、それに近いとこはあると思うんですけど。

――ま、でもやっぱりちょっと違う?

そうですね。藤村さんのほうが親しめるというか「親しんでいいよ」っていう場を作ったりしてくれてるじゃないですか。この「藤やんとうれしー」の寄り合いにしても。だからなんか行っていいんだな、関わっていいんだなっていうの作ってくれてるから。

――なるほどね。でも、昔からそうなんですね。さっきのお話だと、そのカルトクイズとかの時期の話を聞いても、すごく最初の頃ですけど、でも人が何となく集まってきちゃうみたいなのあるんですね。

あったと思います。

（ＭＲさん＠北海道、三十代女性）

もちろんあらゆるファンが、こういった感覚を持っているとは思わない。番組は多様な魅力で成り立っているので、単に面白いから、愉しいから、というファンの方もたくさんいるだろう。しかし少なくとも、そんな「支えてくれる」感覚がコアなファンコミュニティの源にある。そしてそれが恐らく「震災時に人を支える」ことにつながっていった、というのがここまで書いてきた私の結論である。テレビ番組が人を支えるなんておかしい、って？　いや、そんなことないでしょう。もう二十一世紀。現代社会はむしろ家族や宗教ではなく、ネットを介して番組が人を支える。そんなことがあってもいいのではないだろうか。

番組と一緒に自分の人生を振り返る

さて、最後にもう一つ、現在のファンに共通する行動を紹介する。この番組はレギュラー放送後も長い時をかけて繰り返し放送されていることから、ファンは、その長い時間に自分の人生の出来事を重ねたり、その年代の自分のことを重ねて考える。ＤＶＤの副音声には、編集された番組に加え、放送時点から十年程度時間が経過した後の制作時点の制作者や出演者の副音声が入っている。それがたまらなく好きだ、といったのは鈴井さんと同い年の男性。つまり私も同じ歳なので、共感するところが多く、この方とは随分話し込んでしまった。

副音声も含めて好きなんですよ。ものすごく好きなの。それこそ〔本編と副音声の間に〕十年ぐらいのタイムラグがありますでしょ。で、タイムラグがあって、その当時を、十年後の自分たちが語りますでしょ。その時の気持ちだったり、っていうのをやってる。よく番組をドキュメンタリーだっていう風には結構言いますけれども、あの副音声も含めると、本当に「ドキュメンタリー」で。

この、同じ時代を過ごして、自分もそういった、ちょっと血気盛んな二十代があったわけじゃないですか。洋ちゃんのあの二十代の頃だったり。でそれを見る三十代の彼らがいて。っていうような頃からずっと考えるとね、洋ちゃんの二十〔才〕から、うれしーの、もう今の六十に近いというような、その時代全部がそのドキュメンタリーの中に刻まれていて。それをある種、映像の中で感じるだけじゃなく、その映像を今度解説する彼らの中にもまたそのドキュメンタリーってのが入り込んでいるから。〔番組の〕二十年の中に、二十、三十、四十、五十とかっていうのが全部そこに入っているので、たまらなく面白いんだよね。

（中略）

嬉野さんに話したのは、「ミスターさんのドキュメンタリー」っていうのが一番強いと思ってるんですよね、僕は。（中略）ミスターさんの、出だしでは、映像であいう〔積極的な〕姿を見せていた方が、現在森にこもっているという、その感情を表に出してるところと、〔同時に〕副音声で、〔そこまでの〕流れをいろいろ藤村さんと嬉野さんに語られているっていうのを聞くにつけ、〔ドキュメンタリーという意味では〕「ミスターさんのドキュメンタリー」という目で見るのが一番わかりやすいように思います。最近はもうどちらかと言うと何も喋らず、っていう風にもう出来上がっちゃったんで。でも本当に話してみたいのはミスターさんかもしれない。

――そうですね……。あのミスターさんが韓国に行く前のあの〔「喜界島」（一九九九）の〕特典映像〔注：鈴井さんが映画の勉強のため渡韓する前の壮行会の様子が入っている〕で大泉さんに「こいつの方が面白い」。

あれ、本音だよね。

――あれはすごい。私は特典映像を見るためDVD買ったんですけど。そして藤村さんは副音声で「俺と笑いが違うって思わないのか」みたいなこと言ってましたけど。でもやっぱり「こいつの方が面白い」って思ったら切ないいな、って思いました。

でもあの舞台はそれなりの時間があったんでしょうけど、あれをボーナストラックで藤村さんがあそこ〔鈴井さんのスピーチ〕をノーカットできっちり残したじゃないですか。あそこにも、だから、その藤村さんの気持ちってのも、なんかいろいろ考えるわけですよ。だから、あのトラックはすごく良かったですね。（中略）ああいうのも含めて聞いてて、その言葉の端々とか、あとそのニュアンスとかから……。こないだ〔寄合で〕、「お二人はね、やっぱり初めの頃、きっとミスターさんのことを、ちょっとなんかうるさく思ってたんじゃないですか」ぐらいなことを多分、嬉野さんに僕言ったんですよね。そこまではさすがにトークの中でも極端に言い切るような言葉はなくても、「その当時はひょっとしたら、そのくらいのことを思ったりしませんでしたか」みたいなことは言っちゃったような気がします（笑）。（中略）だってみんな若いじゃないですか。だから面白くするための、映像に残らない映像いっぱいあるわけじゃないですか。それを一個一個収めるためにはそこで作り手としての闘いを、彼らは〔してきて〕。特にミスターさんが当時は演じ手と作り手の両方してたんで、だからその中では、かなりなんかドンパチがいっぱいあったんだろうなっていう風に思って。でミスターさんもああいうまっすぐな方だから、作り手って時間も迫られたりとか編集も考えながらやるので、きっとそういう中で、「ちょっとこの辺飲んでもらってこっちいっ

てくんないかな」みたいな感じが（制作者の）お二人の中ではあっただろうし。そういったまっすぐなことをちょっと抑えてくれないか、みたいなことがきっとあったんだろうなみたいなところまで想像しちゃうの。勝手な僕の妄想です（笑）。

（ＪＴさん＠神奈川県、五十代男性）

この方は仕事中「どうでしょう」をずっとかけているそうだが、必ず時間順に見るとのこと。多分それもこういった感覚で見ていることと関係しているだろう。実を言うと、同じ年の私も似たような感想を抱く。二十代、三十代、四十代と、彼らが年齢を重ねていくときに、自分のその頃のことを重ね、その時の人との関係を考える。その意味では、二十代、三十代の彼らは、本当に青春を生きている感じがする。

もう一人、やはり番組を改めて見ると、当時自分がどのようだったかを思い出す、と語ったのは北海道のＩＴさん。特に「ベトナム」を見るといろいろ思い出すという。

――レギュラー放送の最終回はどこかに行ったりしましたか？

最終回は……家で正座して見てた感じがします（笑）。「ただの六夜」でびっくりした、ちゅうのはすごく覚えてますけど。最終回は落ち着いて家でじっくり見れたというのはありました。

――終わって残念っていうのはありましたか？

うーん、本編で最終回を迎えた時よりも、リターンズで「ベトナム」を見るときの方が感慨もひとしおになりますね。

――それはなぜ？

つい最近、リターンズで、最新作の「アフリカ」の前が高知にカブで行くやつで、その前に「ベトナム」があって、つい最近も見てたんですけど……自分の人生経験も含めていろいろ思い出しますよね、やっぱりね。リターンズって一周するのにえらいかかるんで、その時もそう思った記憶があるので。「ベトナム」というのはいろいろ思い出すきっかけになってるな、とは思いました。

――ほかの物ではそれほど思い出したりとかはない？

うちの妻も結婚して五年になるんですけど、「どうでしょう」は好きだったらしくて、話になったり、「対決列島」面白いね、とかいう話になったりしたけど、この前二人で感慨もひとしお、って話を「ベトナム」見ながらしたんですけど。そういうのが特別あるのかもしれませんね。

――「ベトナム」の場合は当時どうだったかを思い出すってことですか。あるいは「ベトナム」を見ると「どうでしょう」全体のことでいろいろ自分の個人的なことを混ぜて思い出すってことですか。

そっちの方が強い気がしますね。

（ＩＴさん＠稚内市、三十代男性）

すでに一度紹介したが、心理学では、「人が生涯を振り返って再現するエピソード」を自伝的記憶といい、「自己や個人のアイデンティティと密接にかかわっている」ものとして他の記憶と分けている（川口（一九九九））。様々な人に話を聞いていると、この番組の出来事は、ファンにとって、もはやこの自伝的記憶になっているような印象がある。ファンはこの番組の中での出来事をまるで自分の思い出のように感じており、またそれを見た当時の自分の状況を思い出すことが多いようで、そのことがこういった振り返りにつながっているのかもしれない。

番組の話はこの辺で閉じようと思う。なお、嬉野さんは今年還暦である。「一生どうでしょうします」と宣言してきたファンの人たちも年齢を重ね、番組がこの後どうなっていくのか、どう終わるのか、を考え始めたように見える。最近では活動を広げ始めた制作者の二人に対して、ファンは若干複雑そうでもある。この後がどうなるのか、私にはわからない。ただ、私もまた、この番組がどうなるか、見届けたいと思っている。

終章　コミュニケーションと信頼

テレビはどこへ行くのか

さて、最後に、少し番組を離れて考えてみたい。

初めに書いたように私はテレビ研究の専門家ではないし、日常的にもあまり見る方ではない。学生よりは見ているかもしれないが、朝、習慣としてテレビをつけているのと、幾つか番組を録画して食事の時に早回しで見ている程度である。それも嫌になると消してしまう。だからもともとはテレビというメディア全般について何か語ろうと考えてこの本書を書いていたわけではない。

だが、書くうちに気になったことがある。それは、複数のファンが「普通のテレビ番組は見られない」と暗に陽に言ったことである。他の番組についてははっきり言っていないが、「『どうでしょう』には怖いものが一つも映っていない」と言った女性。「普通の番組制作者は神様の視点で、出演者も視聴者も見下している」と語ったMMさん。自分が外に出られなくて家でテレビを見るしかない時「ニュースはともかく、情報番組では変な盛り上げ方をするので見られない」、あるいは「バラエティは気合が無駄に入っていて、それによって無理してんじゃないかという見方をしてしまう」と言ったMKさん。そして皆、「どうでしょう」はだらだら見られるのが良い、と言う。

それは鬱のようなクライシスを抱えている人たちだから、と言われるかもしれない。しかし、明白にその時クライシス状況だったのはＭＫさんだけで、残りのお二方は特にそういう状況にあったわけではない。

この番組は認知負荷が少ないのでは、と第四章でも指摘した通り、その撮影方法は通常のテレビの画角とは異なる。つまり逆に言えば、他の多くのテレビ番組はそれだけ、企画や演出、画角についても、普通の視聴者にとって、今や実は疲れるものなのではないか。よく「テレビが面白くなくなった」と言われるが、ひょっとすると今やむしろ「疲れるものになってしまった」のではないだろうか。

先日この本の素稿を先輩である女性のメディア研究者の方に読んでいただいた。もともとＮＨＫでディレクターをしていた人である。感想の後の雑談でこう言われた。「私はテレビ好きよ。テレビつけるとほっとしない？」なるほど、と思った。確かに考えてみると、テレビの全盛期に育ったので、私も外から帰るとまずテレビをつける習慣が依然としてある。それは多分見てほっとしたいからである。仕事での緊張から解放されてリラックスしたい時にはスマホでなく、テレビを見たい。だからテレビをつける。

しかし以前と違うのは、つけても多くの場合、すぐ消してしまう点である。

第二章で指摘したように、共感を共有できなくなったことはさておき、私もまたテレビがつまらなくなったのだとずっと思っていた。でも私はＨＴＢ制作のドラマ「チャンネルはそのまま！」をNetflixで見たが、何度見てもとても楽しかった。「どうでしょう」だって何度でも見られる。また近頃なぜか案外テレビ東京の番組を見ている。が、それも「孤独のグルメ」のように日常的で身近だから、という気がする。

ひょっとすると、多くのテレビ番組はつまらなくなったというより、こちらを「疲れさせるもの」、時によっては視聴者を「傷つけるもの」になってしまったのではないだろうか。そして「どうでしょう」にはその「疲れさせるもの」「傷つけるもの」がないのではないか。それは日常性があるからかもしれない。制作者が、視聴者をバカにしていない、日常生活とフラットな地平で番組を作っているからかもしれない。視聴者を「同級生」のように対等で身近な存在と考えて作っているからかもしれない。映し方も、タレントをひたすら追いかけるような撮り方ではなく、流れを大事にしてじっと待つ撮り方だからなのかもしれない。

嬉野さんと雑談で昔のテレビの話をしたことがあるが、その時似たような話が出たことがある。YouTube で昔の歌番組を見ると、歌手が出てくるバックのスタジオはごく簡素だった、でも歌番組は愉しかった、などと。確かに今は素晴らしい背景が作られているが、果たしてそういうものを見たいかというと、なんとなく疲れそうな気がする。ほっとしたい時に、きらびやかなものを見たいかというと……お茶漬けを食べたい時に焼き肉を出されているようなものかもしれない。

テレビ番組は確かに以前よりしゃれたセットが多い。芸人さんたちは妙に一生懸命だ。時々芸能人的な内輪ネタを語る。ものすごく奇抜な設定のドラマも増えた。しかし、それらは頑張って作られているのかもしれないが、「ほっとしたい」視聴者が見たい番組ではないような気がする。テレビをつけてほっとしてだらだら見続けたいような。そういう視聴者を制作者は今、想定しているのだろうか。

またコンプライアンスを守った番組がこちらを傷つけないかというと、私はそうは思わない。私のように子供の頃にいじめられた人間は、お笑いバラエティで失敗すると頭から水をかけ、それをみんなで笑う場面を見ると、到底我慢できない。

何度も書くが、私はテレビの良い視聴者でも、評論家でも、テレビ専門の研究者でもない。だからここに書くことは一視聴者の言葉以上のものではないが、それでも業界にしがらみがないから書けることもあるような気がする。私がインタビューをした人たちは本当に普通の生活者で、多分昔はこういった人たちがテレビを熱心に見ていたのだろう。その人たちが「見られない」と思うような番組を作っていたら、それは視聴者が離れるのは当然だろう。

彼・彼女らが、例えば食事の度に「どうでしょう」を見るのは、ファンだからだというだけでなく、食事時に見るものとして「誰も泣かないし、無難だから」という面もある。それは言い換えれば、食事時に見られるような番組が少なくなったことでもあるだろう。ＩＴさんが言ったように「バカバカしいんだけど誰も悲しむ訳でもなく」、「バカにされる訳でもなく、温かな中で様々なやりとりをほっとして見ていられる」からである。そういうほっとできる番組を撮るのはそんなに難しいのだろうか。

制作者の嬉野さんと藤村さんは「テレビは友達」と言う。そんな風に思える番組が出てくれば、「どうでしょう」のファンのような人達はもう少しテレビを見るのでは、と思う。

レジリエンスと笑い

二つ目は短い。笑うことは大切だ、ということである。ファンの人たちは（そして制作者も）笑うことをとても大事に考えている。それは、彼らが様々なクライシスに逢って、笑うことで立ち直ったという経験に基づいているのではないかと思う。現在のFacebookでの関係するサイトでもファン同士のやり取りは、うまい下手はさておき、常に笑いを取ろうとしている節がある。

感情の中で、笑いは国際的にはあまり大切にされていないし、研究も同様だという（雨宮（二〇一六））。ポジティブ心理学は例外的に笑うことを大事にしているが、それは実用面からである。とはいえこれだけ多くの人たちが番組を見て笑うことで、人生の様々なクライシスから立ち直っていけるのは驚くべきことである。多くの日本人は、真面目だがユーモアに欠けると言われ、その日本の自殺率は先進国の中では韓国に次いでワーストのトップレベルである。しかし、人生に大小のクライシスはつきものである。クライシスに遭って一時的につまずいても、笑うことで立ち直っていけること、レジリエンスを備えることは大切だと、もっともっと認識されて良いと思う。

コミュニケーションと信頼

もう一つ。私が最後に考えたのは不思議なことに自分の専門に関することだった。

まえがきに書いたように、私はリスクコミュニケーション（リスコミ）に関わる研究を長年してきた。科学の関わるようなリスク情報（地震予測や放射線、食品の安全性など）を伝えるとき、理系専門家の方たちがまず考えるのは、「科学情報はメッセージとしてどうやったらよく理解されるのか」である。

私自身そういったことに興味があった。だが、とはいえ私も含め社会心理学者が理系専門家にリスコミについて話すとき、共通して語ることが二つある。

一つは、「コミュニケーションは単なるメッセージや情報の伝達ではない」ということ。社会心理学のコミュニケーションの最もシンプルな、比較的共有されているモデルは、まず送り手と受け手がいて、その間でメッセージが媒体を通して送られる、というものだ。そこで大事なのは、たとえ全く同じメッセージであっても「誰がそれを伝えたか」によって結果は変わる、ということである。福島第一原発の事故前の話ではあるが、原発のある町での説明会では、「地元に住んでいる東電職員の話は信用できるが、普段東京に住んでいるような人の話は信用できない」と言われていたと聞いた。つまり、我々は実際にはメッセージそのものを聞いているのではなく、送り手がどんな人であるかによってメッセージの受け取り方が大幅に変わる、ということである。だが理系専門家はあまりその手のことを意識せず、メッセージだけに注目しがちである。それは、科学のメッセージ自体が、誰が送り手であるかとは切り離された客観的なものであり、またそうあるべきであるという認識によるのだろう。だが、実際の人間の心理では、送り手が誰かは受け取られ方に大きな影響を与えているのである。

もう一点、社会心理学者がリスコミに関してひたすら語ってきたのが「信頼」である。情報の送り手が信頼できる人でなければ、コミュニケーションはなかなか受容されない（このことの主唱者の一人は行動的ゲーム研究で世界的に活躍した北大の山岸俊男先生である）。そのためどうしたら信頼される情報源になれるか、あるいはどんな情報源（国、行政、メディア、等々）が信頼されているか、といった研究が非常に多く行われた。ただ、私自身はこういった研究はしなかった。「どんな風にすれば信頼されるのか」を人工的に作ろうというのは同語反復のようだし、イメージだけ作るとするなら、それはむしろあざといように思ったからである。

「水曜どうでしょう」のことを考えてきて、最後の段階で不意に気づいたのは、この番組の制作者と視聴者はお互いのことを深く信頼している、ということである（ファンの方には今更か、と言われそうだが）。制作者の二人はある時点から、必ずしもわかりやすくない番組を撮るようになった。普通の番組だったらナレーションを入れて説明するところを省く。それは藤村さん曰く、「これくらいわかるだろう、と思うから」（ＳＨＡＲＰさんとの対談、二〇一九年四月五日）。それは視聴者が一見さんではなく「クラスの同級生だと思っているから」だろう。多くの番組が、ＭＭさんが言うように時には「作り手が視聴者を神の視点で見下している」とさえ感じるようなものであるのに対し、彼らは視聴者（受け手）をクラスメイト、つまり同じような立場の人間として扱い、信頼している。

考えてみれば「拉致する」「ハイジャックしちゃえよ」など、通常キー局なら問題になるような発言が番組には出てくるのも、それで視聴者が影響されたり真に受けるなどとは考えていないからである。それも番組視聴者を知り、信頼しているからだろう。長年のファンのＫＩさんは何気なく言った。

結構信じてますよね、あの二人はファンのことを。

――ファンを信じている？

なんかでも言ってたけど。Facebook でもこないだ、「信用してるから」みたいな。

（KIさん@神奈川県、五十代女性）

これは確かである。例えばキャラバンに毎年通い両Dにもとてもよく知られたファンの男性Fさんは、ある時キャラバンで突然、藤村さんに「ちょっと、これ持ってて」と言われてバッタものの売り上げ金の沢山入った現金袋を渡され、恐ろしく驚いたそうである。だが私が見るに、彼が絶対に持ち逃げしたりしないような人だということを藤村さんは十分知悉していたからだろう。

そして、視聴者も彼らを信頼している。ファンの多くは何度も直接二人に会った訳ではない。しかし、それでもなぜかこの二人をとても信頼しているのである。

――立ち入ったことを伺いますが、心療内科に通ったことがあるということですけど何時頃ですか。

二〇一〇年の時点で「三年前に通っていた」って書いているので二〇〇七年くらいから。でもそれまでずっと鬱状態があって、心療内科に行くまでは夜にずっと「どうでしょう」のDVDを見てたんですよ。

――出ました（笑）。はいはい。そうですか。それはなぜ？

「どうでしょう」は何も考えずに見れる。ただ画面が流れてるだけでも安心するじゃないですけど、もう内容なんかわかってるんで。あと、声をちゃんと聞きたいときには副音声を聞いたりとか。日記読んでるとそうなんですけど、藤村先生も嬉野先生も嘘つく人じゃないから心配してるっていうのがすごくあって。

だからそういう先生が作っているものが、すごく安心感を与えるものがあったんじゃないか、とは思うんですけど。

――藤村、嬉野両氏が嘘をつかない人だと思ったのはどの辺で、どういうことでわかったんですか。

「これを買え！」とか簡単に言いますよね。普通って買って欲しくても、もう少しオブラートで包んで言うんですけど。もう「この商品が出るから買えって言ってんだ」ってそういうのもそうだし。素直に災害とかがあったときでもその言葉一つ一つが藩士がイコールファミリーみたいに書いてくれたりしてくれるので。

――結構、日記って災害の話多いですよね。新潟の地震の話とか。

最初の中越地震とかその前の七月に水害があって、それが二〇〇四年なんですけど、その時はまだ（日記は）読んでなかったので。「本日の日記」を読んだときに、やっぱり読んでると、どんな本よりも泣けるんですよね。それが先生たちのあったかさだったりして。口は乱暴なんだけど愛情を感じる、みたいなところがすごく多くて。だからなんとなく、ここに頼ってれば安心、みたいなところがちょっとあるというか。

――それは掲示板とか日記が大きいんですかね。

自分の中での影響としたら、多分人柄っていうのは日記が一番わかったと思うので……（中略）文章とかって割と批判の声が出ても書くってことが多かったので。そういうのが出ても自分の意見はちゃんと書くっていうことがあって。だから掲示板（では）それはおかしいって言う人たちがいても、そういうところでも普通の自分の思いとかを書いてたりするんで。なんか会ったこともないけどすごく信頼している人っていう感じは（あります）。

――初めて直接会ったのはいつですか。

ちゃんとお会いしたのは二〇一〇年の四月だったかな。（中略）（抽選に）見事に外れまして、もういてもたってもいられなくて会場に行ったんですけど、それでも最後お会いして握手してサインもらったりとかもしたんで。それが最初にちゃんとお会いした時です。

――そのとき、それまでのお二人に対する印象と実際会った感じは合ってましたか。

外でずっと待っていてすごく手が冷たかったんですよ。嬉野先生が握手してくれた時に、「あ、手冷たいですね」って言ってくれて。だから、あ、やっぱり印象が変わらないと言うか。藤村さんは、サインとかどんどんみんなが頼んでたんで「俺はビールが飲みたいんだから早く行かせろ！」みたいな（笑）。それも結局印象通りというか。はい。

――嘘がないのね（笑）。

こういう人たちは思ったままだな、と。

（SWさん＠新潟県、四十代女性）

この辺が非常に逆説的なのはとても面白い。多くのテレビは、視聴者に不快を与えないため、いろんなことを自己規制している。結果として、言葉は規制され、画面には綺麗なものしか出てこないし、タレントさんもアナウンサーも多くの場合ニコニコしている。しかし、視聴者の方は、案外そこに嘘を感じているのではないか。

一方ドキュメンタリーと言われるこの番組では、お互いやりあう場面やとんでもない様子が出てくるが、しかし逆に視聴者はそこに日常を感じている。そして時には暴言を吐いたりすることで、かえって彼らを信頼しているのである。

道内のＩＴさん。この方は藤村さんには会ったことがあるが、嬉野さんには会ったことがないはずである。それでもこんなふうに言う。

――ディレクターさんはどんな存在ですか？

なんでしょうね、多分番組にある癒しにも通じるところもあるんですが、何か受けとめてもらう感があるんですね。受けてもらった。次へのバネをこの人たちから得られるんじゃないか、という感じがある。ホームページ時代の「本日の日記」とかを読んでいたから、そこから感じているのかもしれませんね。

（ＩＴさん＠稚内市、三十代男性）

彼らは制作者にあまり会ったことがないが、それでも彼らを信じているのである。

――あの二人のディレクターさんに会った時は？

緊張しました。めちゃくちゃしました。慣れたっていうか……〔笑〕。めちゃくちゃ優しく写真を撮ってくださるので。〔中略〕

――「藤やんとうれしー」のFacebookグループは何をするところだと思ったんですか。

別にその位のお金なら。月に千円〔注：会費〕位ならいいなあ、と思って。特に〔考えなかった〕〔笑〕。や、

なんか見れるんだろうなあ、と思って。Facebookの記事とか何を期待していた訳ではなく、藤やんとうれしーに毎月千円を払うくらいのお金ならいいなあ、って。（中略）何があるかはわからなかったです。オフィスキュー（のファンクラブの会費）より高いけど、藤やんとうれしーならいいな、って。

（A－さん@愛知県、四十代女性）

多分この辺の信頼の度合いが、時々宗教と言われる所以なのだろうとは思う。もちろん、このベースにはレジリエンス効果があり、番組で元気になった感謝がある。ただ、ITさんのようにそういうことと関係がなくても、信頼は備わっている。ほとんど会ったことのない人に対するこの信頼感は一体どこから来たのだろうか。

一つは、あの「どうでしょう」という嘘のない番組を作った人たちだから。そして、ITさんが言うように、「本日の日記」や掲示板での個人としてのコミュニケーションが生み出したもののように思われる。私が一番感銘を受けたのは多分ここである。

信頼車に乗って行く

個人としてコミュニケーションする

私はこの人達に、コミュニケーションの本質を教えられたような気がする。彼らは「番組を作って顔の見えない不特定多数に、顔の見えない制作者として送る」通常のマスメディアのスタイルではなく、匿名ではない制作者として、時には本当に顔を出し、また受け手である視聴者の顔を見ようとしてきた。藤村さんは、ＳＨＡＲＰさんとの対談（二〇一九年四月）で、「インターネットは電話だと思っている」と言う。なるほどいい得て妙。しかしそう思っている人は非常に限られているのではないか。電話は、ただメッセージをやりとりする媒体というのではなく、送り手と受け手がコミュニケーションするための手段である。ネットでは一見、送り手・受け手という要素が非常に薄くなったように見えるが、実はコミュニケーションの本質は、メッセージそのもののやり取りよりむしろ送り手、受け手が個人としてやり取りする点なのではないか。そしてひょっとすると信頼はそういう形の時しか生じてこないのではないだろうか。

ＳＨＡＲＰさんは確かに広告マンとしても抜群に有能なのだろう。しかしそういう要素は措いても、「Twitter広報で彼が五十万フォロワーも獲得してしまったのは、やはり「中の人」として個人を出し、毎日毎日コツコツとツイートし、ツイートしてくる消費者のそれぞれにレスをつけ、誕生日を祝ったりすることが、きっと消費者の人たちにとっては面白く、またわかりやすかったのではないかという気がする。「八百屋の店先で、お客さんに挨拶するような感じ」。「Twitterであるにせよ、それがコミュニケーションの原点だと改めて印象付けられた。企業の名前や番組の名前の後ろに隠れてコミュニケーションをしているだけでは、多分それだけの人はついてこなかったのではないかと思う。そこにあるのは、やはり個人に対する「信頼」である。

藤村さんと嬉野さんが掲示板でやっていたこともまさにそれに相当する。彼らはテレビ番組を通して視聴者とコミュニケーションし、掲示板を通しても同じことをしてきたのに過ぎない。そしてそれは個人を出さずに企業名や番組名を出しているだけでは成り立たない信頼だったのではないだろうか。番組そのものの魅力だけでなく、その信頼が視聴者に伝わったことこそが、二十三年という長い年月に耐え、時にはファンを支える強固なコミュニティのできた大きな原動力だったのではないかと推測する。

藤村さんや嬉野さんは時々言う。「たかがテレビ番組」「たかが笑う番組」。私も最初はそう思っていた。だが今になってみると、「されど」である。

そうは思いませんか。こんなファンコミュニティを持ったテレビ番組は空前絶後かも、というのは私の感想ですが、それは決して言い過ぎではないと思います。

引用文献

「新しいテレビのカタチ。インターネットとテレビが融合したノルウェーの国営ドラマ「ＳＫＡＭ」が熱狂を生んだワケ」（二〇一七）ＣＯＭＰＡＳＳ、二〇一七年五月二三日、https://compass-media.tokyo/skam/（二〇一八年七月二〇日検索）。

雨宮俊彦（二〇一六）『笑いとユーモアの心理学　何が可笑しいの?』ミネルヴァ書房。

アンダーソン、Ｂ．（一九九七）『増補　想像の共同体　ナショナリズムの起源と流行』（白石さや・白石隆訳）ＮＴＴ出版。

井岡良介・田中利佳・松隈造之・妹尾武治（二〇一八）「ベクションの主観的強度とコンテンツの魅力度の相関関係」『映像情報メディア学会技術報告』四二巻四三号、ＨＩ２０１８－60、五－六頁。

「［一聞百見］大泉洋を人気俳優にした伝説の番組「水曜どうでしょう」秘話　ＨＴＢカメラ担当ディレクター嬉野雅道さん（59）」（二〇一九）『産経ＷＥＳＴ』二〇一九年六月六日、https://www.sankei.com/west/news/190606/wst1906060002-n1.html?fbclid=IwAR1d80tu2tcVpq5a-0P9Zb8R2-LE6n0ny5n8RQHvRD7u-RtK6ExOrkzQcsA

Internet Watch（二〇〇一）「ローカルテレビ番組はブロードバンドのキラーコンテンツとなるか？　北海道テレビ放送の「水曜どうでしょう」がネット配信に登場」（二〇〇一年一二月一二日）https://internet.watch.impress.co.jp/www/article/2001/1212/suidou.htm（二〇一九年八月六日検索）。

上野行良（一九九三）「ユーモアに対する態度と攻撃性及び愛他性との関係」『心理学研究』六四巻四号、二四七－二五四頁。

内田樹（二〇一〇）内田樹の研究室　二〇一〇年七月二六日ブログ「『借りぐらしのアリエッティ』を観てきました」http://blog.tatsuru.com/2010/07/26_0856.html（二〇一九年六月二五日検索）。

内田樹（二〇一一）『映画の構造分析　ハリウッド映画で学べる現代思想』文藝春秋社。

宇野常寛（二〇一三）『日本文化の論点』ちくま新書。

嬉野雅道（二〇一七）『ぬかよろこび』KADOKAWA。

遠藤光男（一九九三）「八章　顔の認識過程」吉川左紀子・益谷真・中村真（編）『顔と心　顔の心理学入門』サイエンス社、一七〇－一九六頁。

大泉洋（二〇一五）『大泉エッセイ　僕が綴った一六年』角川文庫。

大野裕（二〇一四）『最新版「うつ」を治す』PHP新書。

「女川町を襲った大津波の証言」（二〇一一）http://memory.ever.jp/tsunami/shogen_onagawa.html（二〇一九年六月二五日検索）。

小原道雄（二〇一六）「テレビとネットの融合によるビジネスの可能性」（ワークショップ11）『二〇一五年度春季研究発表会ワークショップ報告』二〇一六年八八巻、二一四－二一五頁。

OFFICE CUE Presents（二〇一五）『鈴井貴之編集長　大泉洋』新潮社。

「カツヤマサヒコSHOW　～藤村忠寿（「水曜どうでしょう」チーフディレクター）」（n.d.）https://www.nicovideo.jp/watch/sm27737662（二〇一九年六月二四日検索）。

川口潤（一九九九）「自伝的記憶」中島義明・安藤清志・子安増生・坂野雄二・繁桝算男・立花政夫・箱田裕司（編）『心理学辞典』有斐閣、三五四頁。

北田暁大（二〇〇五）『嗤う日本の「ナショナリズム」』NHKブックス。

クリエイティブオフィスキュー、ノグチユミコ（編）（二〇一二）『CUEのキセキ　クリエイティブオフィスキューの20年』メディアファクトリー。

コーネリアス、R．R．（一九九六）『感情の科学　心理学は感情をどこまで理解できたか』（斎藤勇監訳）誠信書房。

小林信彦・萩本欽一（二〇一四）『ふたりの笑タイム　名喜劇人たちの横顔・素顔・舞台裏』集英社。

今野勉・是枝裕和・境真理子・音好宏（二〇一〇）『それでもテレビは終わらない』岩波書店。

斎藤勇（一九八五）「第四章　好きと嫌いの心理」斎藤勇（編）『対人心理学トピックス１００』誠信書房。

佐々木玲仁（二〇一二）『結局どうして面白いのか　「水曜どうでしょう」の仕組み』フィルムアート社。

サックス、Ｏ．（二〇〇九）『妻を帽子とまちがえた男』ハヤカワ文庫。

佐藤尚之（二〇一八）『ファンベース　支持され、愛され、長く売れ続けるために』ちくま新書。

志岐裕子（二〇一五）「テレビ番組を話題としたTwitter上のコミュニケーションに関する検討」『慶應義塾大学メディアコミュニケーション研究所紀要』六五号、一三五－一四八頁。

清水秀美・今栄国晴（一九八一）「STATE-TRAIT ANXIETY INVENTORYの日本語版（大学生用）の作成」『教育心理学研究』二九巻四号、三四八－三五三頁。

「『水曜どうでしょう』今、４人が語る22年　鈴井貴之×大泉洋×藤村忠寿（チーフディレクター）×嬉野雅道（ディレクター兼カメラマン）」（二〇一九）『ＣＵＴ』二〇一九年二月号、六－四一頁。

水曜どうでそうＴＶ（二〇一九年六月十五日公開）「四国Ｒ－14怪奇の真実…大泉洋のズル賢さ、鈴井貴之の破壊力…【藤やんうれしー質問返答】」

杉江松恋（二〇一七）「芸人本書く派列伝 returns」ｖｏｌ．18「嬉野雅道『ぬかよろこび』ほか」http://www.bookaholic.jp/post-4711/?fbclid=IwAR0kj0oNPOUJ-noAXWUkstlOI3XthUJrmy95qd91ehlq1Iow9aizaM7TsXI
鈴木祐司（二〇一八）「ここまで進化した『水曜どうでしょう』～ネット独自番組『うれしのまさみちのま』の間・真・魔～」Yahoo!Japan ニュース https://news.yahoo.co.jp/byline/suzukiyuji/20181006-00099539/（二〇一九年六月二五日検索）。

鷲見成正・中村信次（二〇〇五）「視覚誘導性自己運動知覚（ベクション）」後藤倬男・田中平八（編）『錯視の科学ハンドブック』東京大学出版会、二七三－二三八頁。

妹尾武治（二〇一六）『脳は、なぜあなたをだますのか　知覚心理学入門』ちくま新書。

高柳和江（二〇〇七）「補完代替医療としての笑い」『日本補完代替医療学会誌』四巻二号、五一－五七頁。

寺本渉・吉田和博・浅井暢子・日高聡太・行場次朗・鈴木陽一（二〇一〇）「臨場感の素朴な理解」『日本バーチャルリアリティ学会論文誌』一五巻一号、七―一六頁。

チャルディーニ、R．B．（二〇一四）『影響力の武器　なぜ、人は動かされるのか［第三版］』（社会行動研究会訳）誠信書房。

電通（n.d.）「日本の広告費」http://www.dentsu.co.jp/knowledge/ad_cost/（二〇一九年六月二五日検索）。

道新りんご新聞二〇一八年十一月二〇日号、https://bit.ly/2W10nf2
長屋裕子（二〇一二）「レジリエンス概念と研究動向　国内の学術研究を中心に」『お茶の水女子大学心理臨床相談センター紀要』一四号、二五―三七頁。

夏野剛（二〇一九）『誰がテレビを殺すのか』角川書店。

萩元晴彦・村木良彦・今野勉（一九六九）『お前はただの現在にすぎない　テレビに何が可能か』田畑書店。

畑田豊彦（一九九一）「視覚効果による人工現実感」『精密工学会誌』五七巻八号、二二―二六頁。

「番組終了から12年、なのになお稼いだり24億円！「水曜どうでしょう」名物ディレクターが語る〝視聴率は「人」〟」（二〇一五）『産経WEST』二〇一五年一二月一四日、http://www.sankei.com/west/news/151214/wst1512140006-n2.html
濱野智史（二〇〇七）『アーキテクチャの生態系』NTT出版。

広瀬浩二郎（二〇一七）『目に見えない世界を歩く「全盲」のフィールドワーク』平凡社。

広田すみれ（二〇一七）「水平メディアから共同体の「場」へ　TV番組「水曜どうでしょう」の視聴者との関係性とメディア利用」『東京都市大学横浜キャンパス情報メディアジャーナル』一八号、九一―一〇一頁。

広田すみれ・岩渕睦生・内野陽二郎・曽根大誠（二〇一九）「テレビ番組視聴による不安低減とレジリエンス効果「水曜どうでしょう」の視聴者インタビューと実験を通して」日本感情心理学会第二十七回大会発表。

藤村忠寿（二〇〇二）「本日の日記［水曜どうでしょう全集］とは」2002.12.5（THU）https://www.htb.co.jp/suidou/

staff/staff_155.html（二〇一九年六月二五日検索）

藤村忠寿（二〇一五）「撮るべき映像を導き出すもの　「水曜どうでしょう」から考える普遍性」『月刊民放』二〇一五年一一月号、七－九頁。

藤村忠寿・嬉野雅道（編）（二〇〇七）『水曜どうでしょう　藤村・嬉野　本日の日記』北海道テレビ放送株式会社。

藤村忠寿・嬉野雅道（編）（二〇〇九）『水曜どうでしょう　藤村・嬉野　本日の日記２』北海道テレビ放送株式会社。

藤村忠寿・嬉野雅道（編）（二〇一〇）『水曜どうでしょう　藤村・嬉野　本日の日記３』北海道テレビ放送株式会社。

藤村忠寿・嬉野雅道（編）（二〇一一）『水曜どうでしょう　藤村・嬉野　本日の日記４（上巻）』北海道テレビ放送株式会社。

藤村忠寿・嬉野雅道（編）（二〇一一）『水曜どうでしょう　藤村・嬉野　本日の日記４（下巻）』北海道テレビ放送株式会社。

藤村忠寿・嬉野雅道（二〇一九）『仕事論』総合法令出版株式会社。

北海道テレビ放送（二〇一九）ＨＴＢ開局五十周年ドラマ「チャンネルはそのまま！」パンフレット。

本多明生・神田敬幸・柴田寛・浅井暢子・寺本渉・坂本修一・岩谷幸雄・行場次朗・鈴木陽一（二〇一三）「視聴覚コンテンツの臨場感と迫真性の規定因」『日本バーチャルリアリティ学会論文誌』一八巻一号、九三－一〇一頁。

松尾豊・安田雪（二〇〇七）「ＳＮＳにおける関係形成原理　mixi のデータ分析」『人工知能学会論文誌』二二巻五号、五三一－五四一頁。

光吉俊二（二〇一七）「音声感情認識・音声病態分析学から人工自我システムまで」日本感情心理学会第二五回大会特別講演（同志社大学、二〇一七年六月二四日）。

宮戸美樹・上野行良（一九九六）「ユーモアの支援的効果の検討　支援的ユーモア尺度の構成」『心理学研究』六七巻四号、二七〇－二七七頁。

虫明元・岩本憲宏・大城朝一（二〇一八）「情動刺激に対して瞳孔径応答が示す多感覚統合の個人差と性格特性の関係」

『日本心理学会第八二回大会発表論文集』１ＰＭ－０４８、https://www.micenavi.jp/jpa2018/search/detail_program/id:612（仙台国際センター、二〇一八年九月二五日）。
山本明（二〇一一）「インターネット掲示板においてテレビ番組はどのように語られるのか」『マス・コミュニケーション研究』七八号、一四九－一六七頁。

Davis, J. I., Senghas, A., Brandt, F., & Ochsner, K. N. (2010). The effects of BOTOX injections on emotional experience. *Emotion*, 10 (3), 433.

Dutton, D. G., & Aron, A. P. (1974). Some evidence for heightened sexual attraction under conditions of high anxiety. *Journal of Personality and Social Psychology*, 30 (4), 510–517.

Ekman, P., & Friesen, W. V. (1978). *Manual for the facial action coding system*. Consulting Psychologists Press.

Ellis, H. D. & Young, A. W. (1989). Are faces special? In A. W. Young, & H. D. Ellis (eds.), *Handbook of research on face processing*. North Holland, 1–26.

Goren, C. C., Sarty, M., & Wu, P. Y. (1975). Visual following and pattern discrimination of face-like stimuli by newborn infants. *Pediatrics*, 56 (4), 544–549.

Tanis, M. (2007). Online social support groups. In A. Joinson, K. McKenna, T. Postmes, & U.-D. Reips (eds.), *Oxford handbook of Internet psychology*. Oxford University Press, 139–154.

Pennebaker, J. W. (1997). Writing about emotional experiences as a therapeutic process. *Psychological science*, 8 (3), 162–166.

Watson, J. B., & Rayner, R. (1920). Conditioned emotional reactions. *Journal of experimental psychology*, 3 (1), 1.

Zimbardo, P. G. (1969). The human choice: Individuation, reason, and order versus deindividuation, impulse, and chaos. *Nebraska Symposium on Motivation*, 17, 237–307.

参加したイベント・話を伺った方と謝辞

◇寄合など

藤村さん、嬉野さん、及び藩士の方との話(「藤やんとうれしー」の寄合(一回当たり二〇~三〇名の参加者)、二次会、忘年会、「どうでしょう全集」)(2016.12 札幌、2017.3 大阪、2017.7 東京・初台、2017.8 新潟、2017.12 東京・千代田区、2018.3 福岡、2018.12 名古屋、2018.12 東京・阿佐ヶ谷、2019.1 東京・清澄白河、2019.2 宇都宮、2019.5 東京・清澄白河、2019.5 広島)、嬉野珈琲店主催の読書会やファンとの小さい集まり(東京(2017.4、2017.6、2017.8)、札幌(2017.7))。

◇キャラバン、HTBのイベント

「どうでしょうキャラバン」(2017.9 由利本荘、肘折、那珂、島田の四か所)では、スタイリストの小松江里子さん、HTBのスタッフの方、ドワンゴの阿部祥紀さん、キャラバン公式カメラマン小岩井ハナちゃん、そしてボランティアやイベントへの参加者として来ていた主に地方のファンの方にもごく短時間だが話を伺った。

松坂屋静岡店の北海道物産展(2017.5)、東武宇都宮百貨店の北海道物産展(2019.2)、下北沢のケージ番組鑑賞十一時間耐久イベント(2017.5)。

◇トークショー的なもの

東京都市大横浜祭嬉野さんの講演会及び懇親会(2017.6)、Dのお二人と帝京大筒井史緒講師の講演会(2017.11)、note「腹を割って話すナイト」Dのお二人とゲストの対談(2019.4 SHARPさん、2019.5 ヤンデルさん、2019.6ヨーロッパ企画上田誠さん）、嬉野さんとＳＨＡＲＰさんとの対談（2017.11大阪、2018.3東京、2019.4大阪）、藤村さんと鈴井さんによる劇団オーパーツのＤＶＤ「天国への階段」発売記念渋谷トークショー（2017.7）、北海道フェアｉｎ代々木での鈴井さんのトークショー（2018.10）、女川復幸祭トークショー（2018.3）。

◇その他イベント、見学など

ラジオ日経第二「ひげ千夜一夜」スタジオ収録及び懇親会（2018.11, 2019.1）、さぬき映画祭（2017.2, 2018.2, 2019.2）、竹田名水マラソンの直会及び「あ祖母学舎」での交流会（2017.3, 2019.3）、大阪マラソン前のトークショー（2018.11）、京都「よろしくご笑覧」（2017.9）、ＴＥＡＭ ＮＡＣＳの公演のライブビューイング（2018.3）、ヒゲマラソン部練習会（2019.1, 2019.2）、藤村源五郎一座の稽古見学（2019.4）、ＨＴＢ「チャンネルはそのまま！」撮影エキストラ参加（2018.10）。

謝辞

藤村忠寿さん（ＨＴＢ）、嬉野雅道さん（ＨＴＢ）、インタビューをさせていただいた藩士の方々、お話を伺った藩士の皆様に深くお礼申し上げます。特に、嬉野さんには研究の最初からご支援いただき、初期には相談に乗っていただいたりインタビュー対象者をご推薦いただいたことで大変仕事が進みやすくなりました。本当にありがとうございました。写真掲載については、ＨＴＢ、クリエイティブオフィスキュー、㈱ドワンゴ、九州大学の妹尾武治先生より、視聴率については㈱ビデオリサーチより許可を頂きました。著作権・肖像権の法律的な面については獨協大学法学部張睿暎教授にご助言をいただいたことにお礼申し上げます。また他にも写真・コメントに関しては藩士の笠原慎太郎さん、ながはまやすこさん、古沢篤さん、松田智香さん、松本智明さん、三宅佳代子さん、藩導対の木庭英之さん（順不同）にご協力いただきました。ありがとうございました。

執筆にあたっては、イベントによくご一緒して様々なアドバイスをいただき、最初の原稿を読んでもらい、終始お世話になった藩士の羽根田夫妻（はねみさん（羽根田誠さん）・のりぞうさん（長澤紀子さん））には特に感謝申し上げたいです。私が二〇一八年四月～九月に長期研修で米国ブラウン大学に行っている間、いろいろな形で海を挟んで多くの情報を頂き、また初期の原稿についてコメントしてもらいました。彼らがいなければこの本は書けなかったと思います。首都大学東京人文社会学部所属で臨床心理士の佐藤章子先生にはレジリエンスや鬱に関する多くの知見をご教示いただき、東京都市大の学生相談室、臨床心理士Tさんにも鬱に関する基本的知識を教えていただきました。また武蔵大学名誉教授・元東京女子大学教授で元ＮＨＫの国広陽子先生（メディア研究）、日本リスク学会理事で札幌出身の藤井健吉さん（花王株式会社）、藩士のＩさん、布川祐美さん、山本竜一さんにはご多忙の中、第一バージョンを読んでもらって感想やアドバイスをもらいました。ありがとうございました。難しい印象を緩めてくれる、愉しい表紙と挿画を描いてくださったゴトータケヲ画伯にもお礼申し上げます。

最後に、日ごろからお世話になり、学術出版社が出すには一見ちょっと柔らかいテーマのこの企画を、やや無理にでも引き受けていただいた編集の村山夏子氏ならびに慶應義塾大学出版会にも心から感謝申し上げます。

なお本書中の誤りはすべて著者の責任に帰するものです。

広田すみれ

付表1　インタビュー質問項目

大項目	質問項目	内容
個人属性	人口動態属性	名前、年齢、最終学歴、卒業した学部・学科、出身地、現在の居住地、職業、宗教
	テレビ・ラジオの視聴習慣、好きな番組	
	ネットのディープユーザーか（mixi への参加の有無など）	
	趣味	旅行、バイク、アウトドア、グッズのコレクション、鉄道など
	自分の性格	自己評価、社交性、人見知り、真面目かなど
番組について	ファンになった時期、きっかけ（個人的な生活上のきっかけを含む）	
	グッズ購入やイベント参加経験	
	「討ち入り」をしたことがあるか。その理由	
	番組掲示板を見たり書き込んだことがあるか。理由や印象	
	好きな企画とその理由（複数も可）	
	なぜこの番組が好きなのか	撮り方、テーマ、出演者、言葉・セリフ、音楽、テンポ、好きな場面、制作者側との関係、ファンのネットワーク愚、出身地、ローカル性への意識、副音声など
	なぜ面白いのか	他の番組との対比など
	好きな出演者、その理由	
	他に熱烈なファンになっているタレント、番組、歌手の有無	
	他のファンとの交流	好き・嫌い、友人の有無、知り合ったきっかけ
	ディレクターはどんな存在か	
	視聴することで「癒される」ことについて。その理由	賛否、具体的な経験の有無
	震災や危機状況で DVD を見たり、何かしたことがあるか	
	「一生どうでしょう」するか	

注1：東北の居住者については質問項目に若干の違いあり。
注2：ほかに、ユーモア態度尺度（上野（1993）、宮戸・上野（1996））について一部尋ねた。

インタビュー時の職業	ファンになった時期	クライシスの有無
学校 ICT 支援員	1999年１月	△
主婦	2002年７月	○
自営業（フリーランス、企画）	2010年	
中央銀行業	2010年頃から知っている。ファンになったのはこの数年	
イラストレーター（フリー）	2002年頃	癒されていた時期がある
会社員（食品の安全検査）	2006年頃	○
ホテル従業員（食堂）	2005年頃	○（震災）
グラフィックデザイナー（フリー）	2005年頃	○
訪問看護師	2011年	○
無職（前職：調理師、電気配線など）	2004年頃	○
カスタマーサポートエンジニア	1996年10月（２回目から）	
会社員（医療系機器メーカー営業）	2002年	○
介護士	2005年より以前	○（震災）
自営業（リラクゼーション業）	1998年	
パート勤務（販売業）	2003年より前	○
会社員	1996年（２回目から）	
小学校教員（組合専従）	1999年３月	
会社員（SE）	2001年頃（神奈川で見た）	
会社員（調剤事務）	1996年	△

△：クライシスに近い経験あり

付表２　インタビュー対象者

No.	インタビュー時期	本書中のイニシャル	性別	居住地	インタビュー時の年齢	最終学歴
1	2017年１月	NK	女	神奈川県	47	高校
2	2017年１月	KI	女	神奈川県	51	専門学校（保育）
3	2017年１月	KS	男	京都府	25	大学（文学部）
4	2017年１月	ND	女	京都府	38	短大（英文学科）
5	2017年２月	JT	男	神奈川県	54	専門学校（ファッション系）
6	2017年２月	NK	女	大分県	35	高校
7	2017年３月	TD	女	宮城県	49	高校
8	2017年４月	MK	女	千葉県	37	大学（米国、インテリアデザイン）
9	2017年４月	AI	女	愛知県	45	専門学校（看護）
10	2017年７月	KY	女	神奈川県	33	専門学校（調理師）
11	2017年７月	MT	男	埼玉県	41	大学（情報系学部）
12	2017年８月	MM	男	埼玉県	47	専門学校（映像系）
13	2017年10月	ND	男	岩手県	41	高校
14	2017年10月	TN	女	静岡県	43	短大（国文学科）
15	2017年11月	SW	女	新潟県	42	専門学校（英語科）
16	2017年12月	ZK	男	北海道（札幌市）	39	高校中退
17	2017年12月	IT	男	北海道（稚内市）	37	大学（教育学部）
18	2018年５月	RI	男	広島県	48	大学（工学部・教養学部）
19	2018年12月	MR	女	北海道（札幌市）	36	専門学校（動物看護）

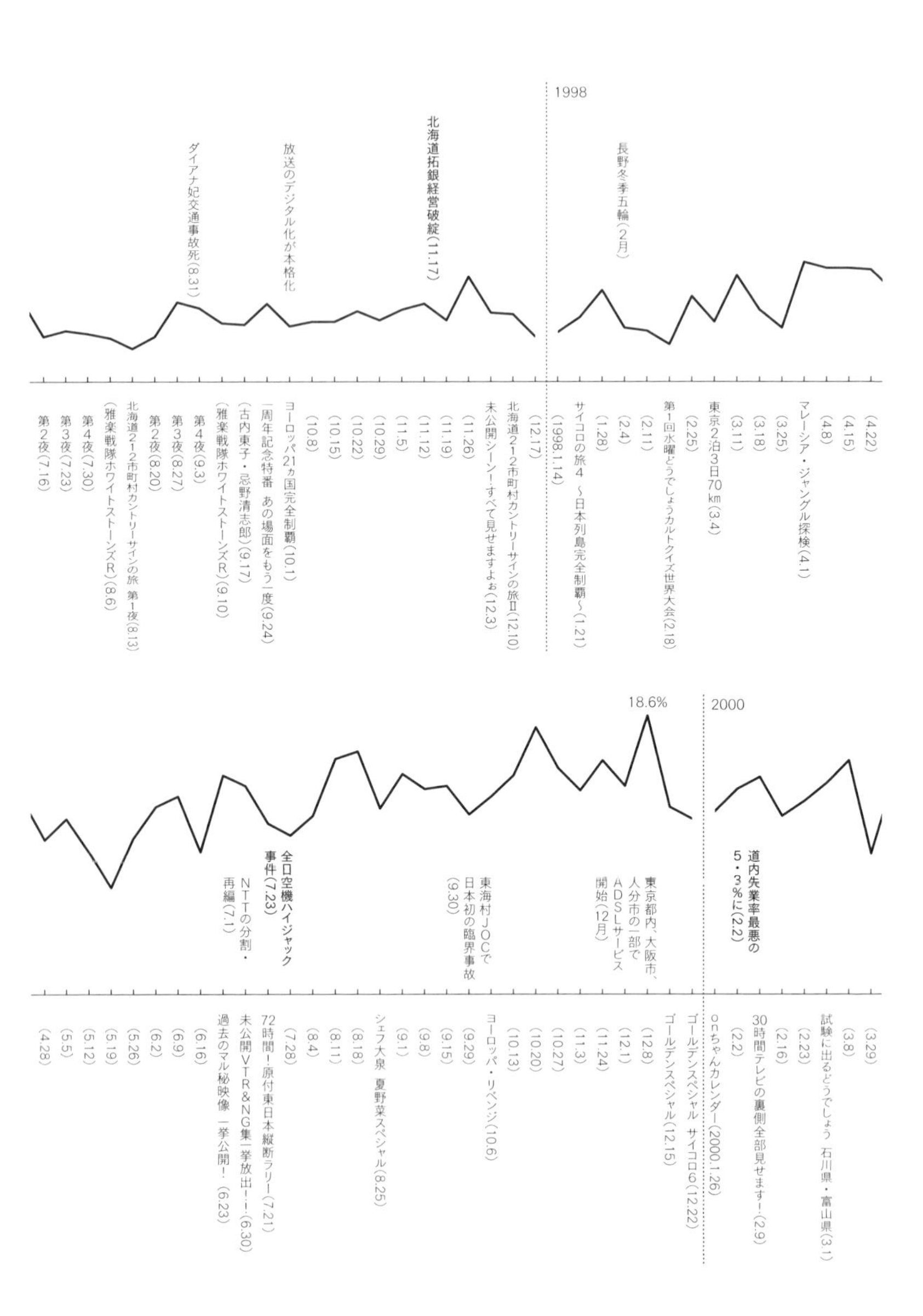
1998
ダイアナ妃交通事故死(8.31)
放送のデジタル化が本格化
北海道拓銀経営破綻(11.17)
長野冬季五輪(2月)
第2夜(7.16)
第3夜(7.23)
第4夜(7.30)
(雅楽戦隊ホワイトストーンズR)(8.6)
北海道212市町村カントリーサインの旅 第1夜(8.13)
第2夜(8.20)
第3夜(8.27)
第4夜(9.3)
(雅楽戦隊ホワイトストーンズR)(9.10)
(古内東子・忌野清志郎)(9.17)
1周年記念特番 あの場面をもう1度(9.24)
ヨーロッパ21ヵ国完全制覇(10.1)
(10.8)
(10.15)
(10.22)
(10.29)
(11.5)
(11.12)
(11.19)
(11.26)
未公開シーン!すべて見せますよぉ(12.3)
北海道212市町村カントリーサインの旅II(12.10)
(12.17)
(1998.1.14)
サイコロの旅4 ～日本列島完全制覇～(1.21)
(1.28)
(2.4)
(2.11)
第1回水曜どうでしょうカルトクイズ世界大会(2.18)
(2.25)
東京2泊3日70km(3.4)
(3.11)
(3.18)
(3.25)
マレーシア・ジャングル探検(4.1)
(4.8)
(4.15)
(4.22)
18.6%
2000
NTTの分割・再編(7.1)
全日空機ハイジャック事件(7.23)
東海村JOCで日本初の臨界事故(9.30)
東京都内、大阪市、人分市の一部でADSLサービス開始(12月)
道内失業率最悪の5・3%に(2.2)
(4.28)
(5.5)
(5.12)
(5.19)
(5.26)
(6.2)
(6.9)
(6.16)
過去のマル秘映像 一挙公開!(6.23)
未公開VTR&NG集一挙放出!!(6.30)
72時間!原付東日本縦断ラリー(7.21)
(7.28)
(8.4)
(8.11)
(8.18)
シェフ大泉 夏野菜スペシャル(8.25)
(9.1)
(9.8)
(9.15)
(9.29)
ヨーロッパ・リベンジ(10.6)
(10.13)
(10.20)
(10.27)
(11.3)
(11.24)
(12.1)
(12.8)
ゴールデンスペシャル(12.15)
ゴールデンスペシャル サイコロ6(12.22)
onちゃんカレンダー(2000.1.26)
(2.2)
30時間テレビの裏側全部見せます!(2.9)
(2.16)
(2.23)
試験に出るどうでしょう 石川県・富山県(3.1)
(3.8)
(3.29)

付図　「水曜どうでしょう」の企画と視聴率及びその年の北海道ほかの主な出来事

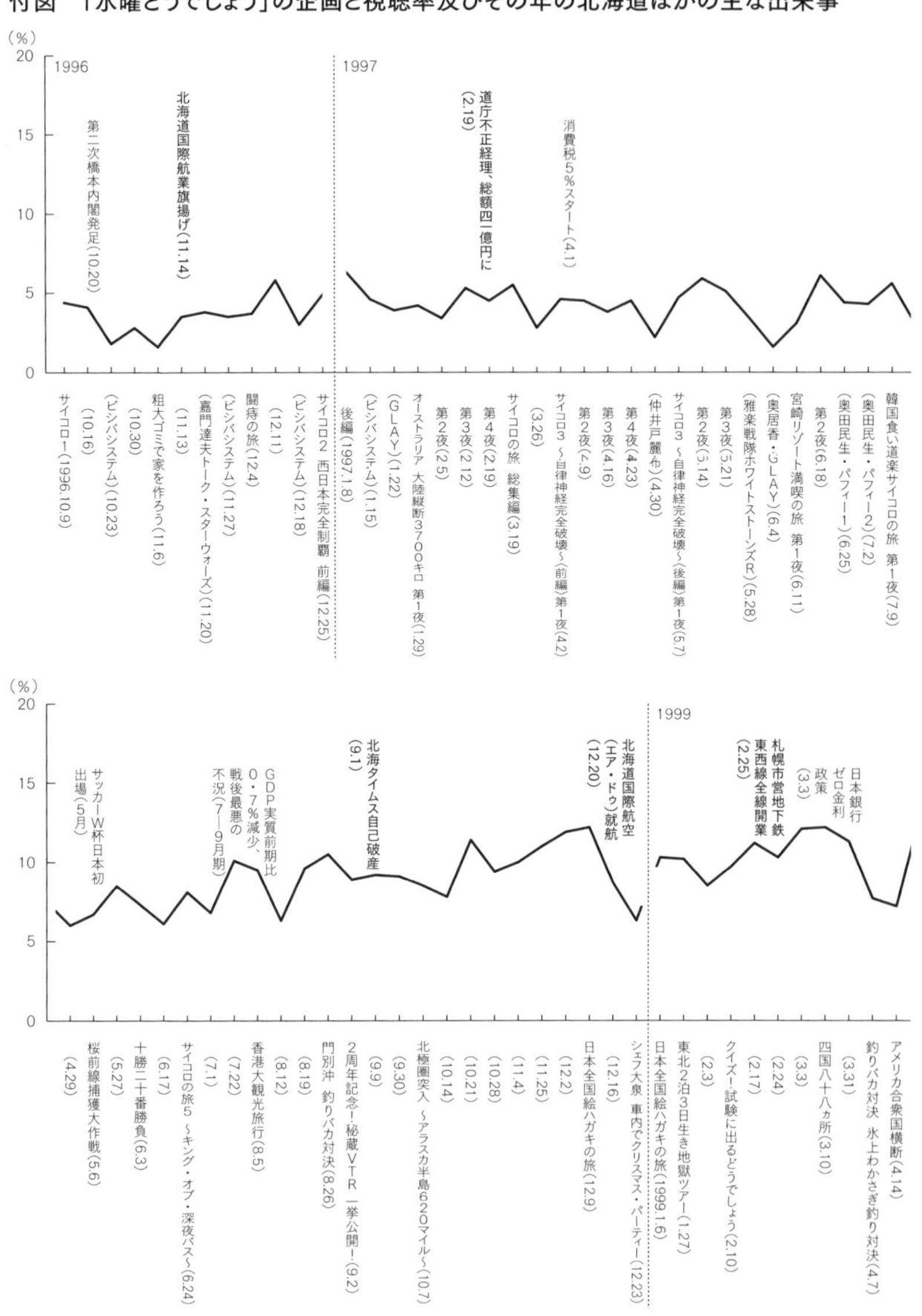

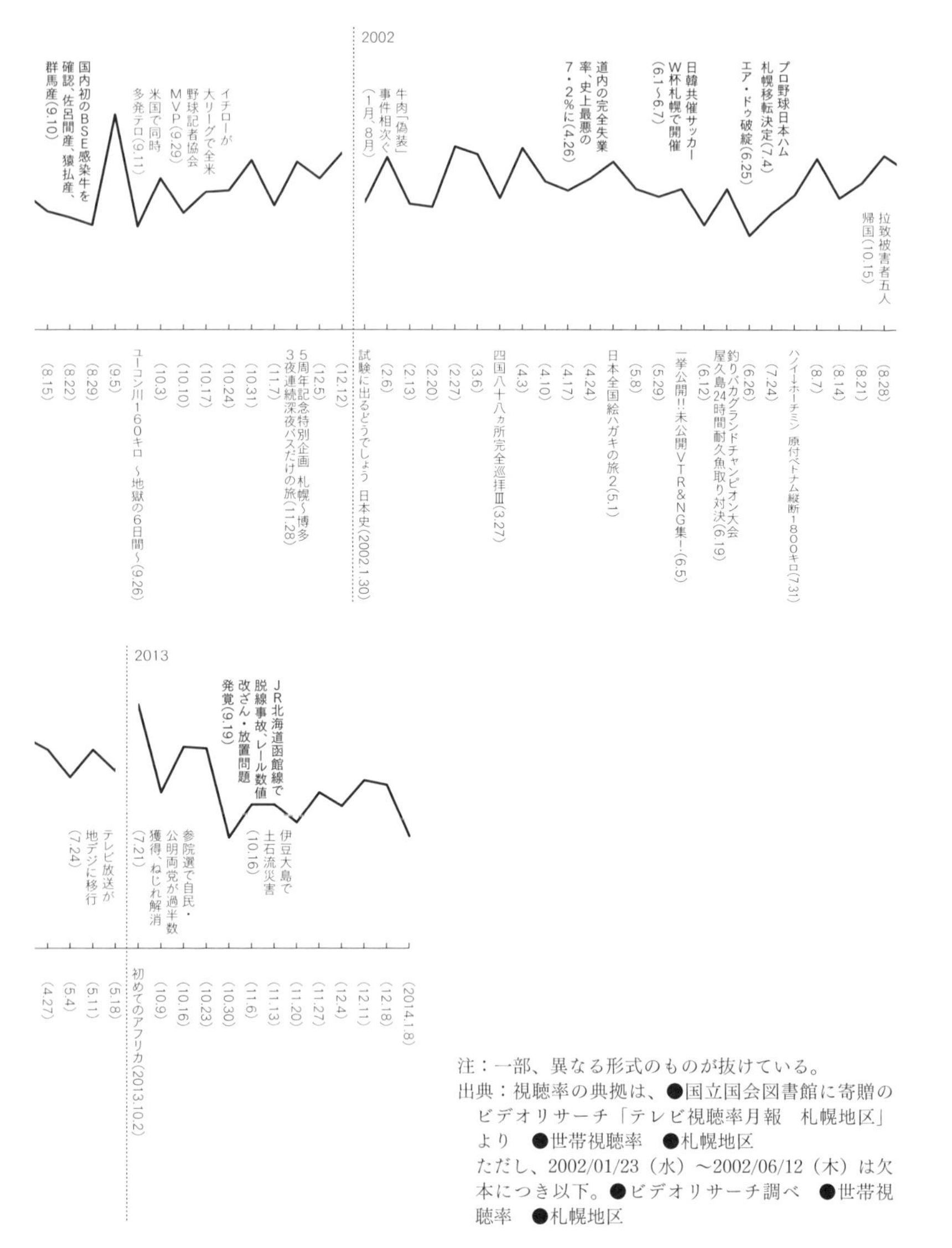

注：一部、異なる形式のものが抜けている。
出典：視聴率の典拠は、●国立国会図書館に寄贈のビデオリサーチ「テレビ視聴率月報　札幌地区」より　●世帯視聴率　●札幌地区
ただし、2002/01/23（水）～2002/06/12（木）は欠本につき以下。●ビデオリサーチ調べ　●世帯視聴率　●札幌地区

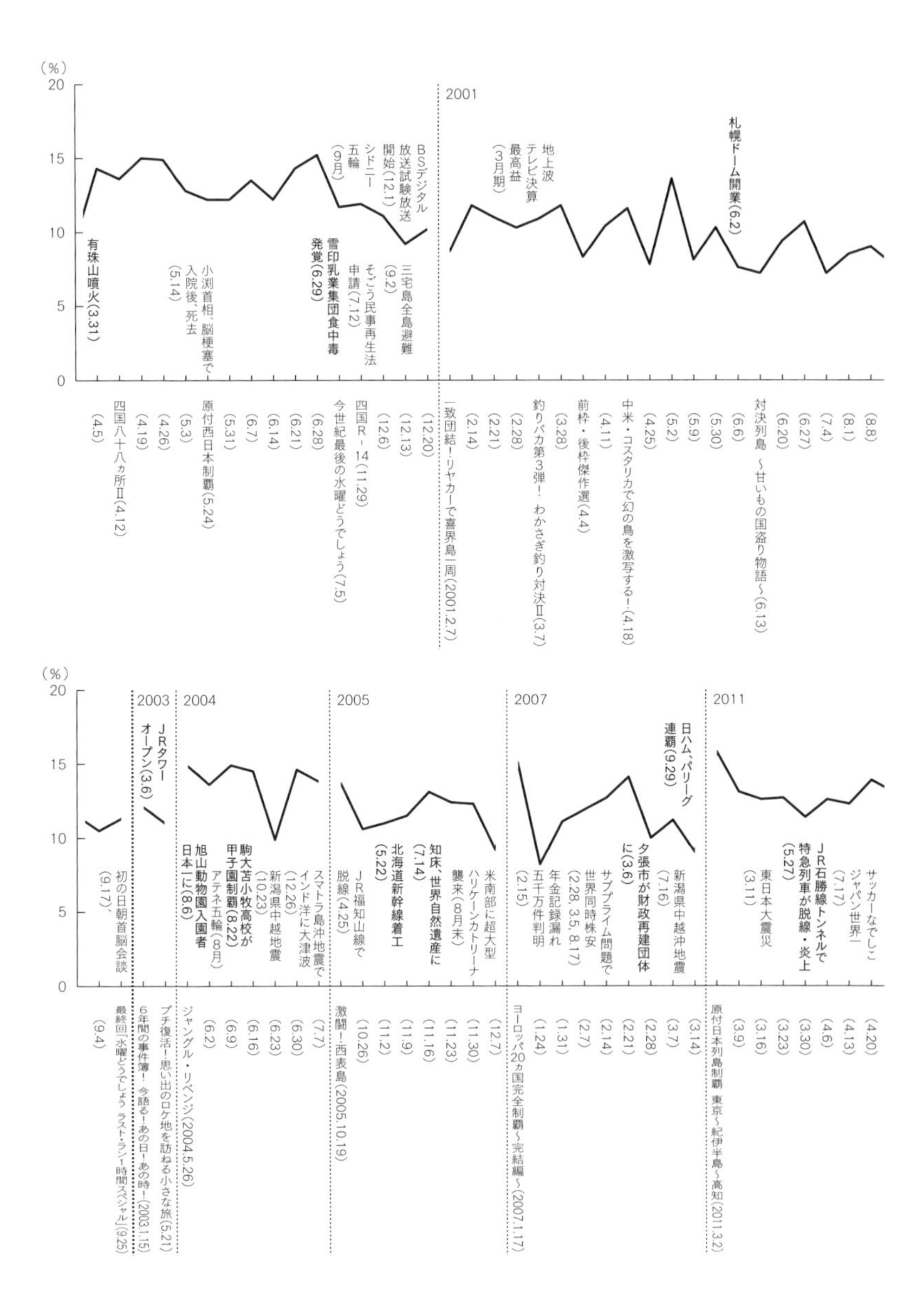
(%)
20
15
10
5
0
2001
有珠山噴火(3.31)
小渕首相、脳梗塞で入院後、死去(5.14)
雪印乳業集団食中毒発覚(6.29)
シドニー五輪(9月)
そごう民事再生法申請(7.12)
BSデジタル放送試験放送開始(12.1)
三宅島全島避難(9.2)
地上波テレビ決算最高益(3月期)
札幌ドーム開業(6.2)
(4.5)
四国八十八ヵ所Ⅱ(4.12)
(4.19)
(4.26)
(5.3)
原付西日本制覇(5.24)
(5.31)
(6.7)
(6.14)
(6.21)
(6.28)
今世紀最後の水曜どうでしょう(7.5)
四国R-14(11.29)
(12.6)
(12.13)
(12.20)
一致団結!リヤカーで喜界島一周(2001.2.7)
(2.14)
(2.21)
(2.28)
釣りバカ第3弾! わかさぎ釣り対決Ⅱ(3.7)
(3.28)
前枠・後枠傑作選(4.4)
(4.11)
中米・コスタリカで幻の鳥を激写する!(4.18)
(4.25)
(5.2)
(5.9)
(5.30)
(6.6)
対決列島 ~甘いもの国盗り物語~(6.13)
(6.20)
(6.27)
(7.4)
(8.1)
(8.8)
(%)
20
15
10
5
0
2003
2004
2005
2007
2011
初の日朝首脳会談(9.17)、
JRタワーオープン(3.6)
旭山動物園入園者日本一に(8.6)
アテネ五輪(8月)
駒大苫小牧高校が甲子園制覇(8.22)
新潟県中越地震(10.23)
スマトラ島沖地震でインド洋に大津波(12.26)
JR福知山線で脱線(4.25)
北海道新幹線着工(5.22)
知床、世界自然遺産に(7.14)
米南部に超大型ハリケーンカトリーナ襲来(8月末)
年金記録漏れ五千万件判明(2.15)
サブプライム問題で世界同時株安(2.28, 3.5, 8.17)
夕張市が財政再建団体に(3.6)
新潟県中越沖地震(7.16)
日ハム、パ・リーグ連覇(9.29)
東日本大震災(3.11)
JR石勝線トンネルで特急列車が脱線・炎上(5.27)
サッカーなでしこジャパン世界一(7.17)
(9.4)
最終回「水曜どうでしょう ラスト・ラン」1時間スペシャル(9.25)
6年間の事件簿! 今語る!あの日・あの時!(2003.1.15)
プチ復活! 思い出のロケ地を訪ねる小さな旅(5.21)
ジャングル・リベンジ(2004.5.26)
(6.2)
(6.9)
(6.16)
(6.23)
(6.30)
(7.7)
激闘!西表島(2005.10.19)
(10.26)
(11.2)
(11.9)
(11.16)
(11.23)
(11.30)
(12.7)
ヨーロッパ20ヵ国完全制覇~完結編~(2007.1.17)
(1.24)
(1.31)
(2.7)
(2.14)
(2.21)
(2.28)
(3.7)
(3.14)
原付日本列島制覇 東京~紀伊半島~高知(2011.3.2)
(3.9)
(3.16)
(3.23)
(3.30)
(4.6)
(4.13)
(4.20)

広田すみれ（ひろた すみれ）

東京都市大学メディア情報学部教授。

1984年慶應義塾大学文学部心理学専攻卒。民間シンクタンク勤務後、1993年慶應義塾大学大学院社会学研究科博士課程単位取得退学。博士（社会学）。慶應義塾大学新聞研究所（現メディア・コミュニケーション研究所）研究員などを経て現職。ブラウン大学訪問研究員（2018年前期）。日本心理学会地区別（関東地区）代議員（2019〜2021年予定）。

専門は、社会心理学、意思決定論、リスクコミュニケーション。

主要著書・訳書に、『リスク学事典』（共編著、丸善出版、2019年）、『心理学が描くリスクの世界（第3版）』（共編著、慶應義塾大学出版会、2018年）、『読む統計学 使う統計学（第2版）』（慶應義塾大学出版会、2013年）、イアン・ハッキング『確率の出現』（共訳、慶應義塾大学出版会、2013年）、『リスクの社会心理学』（共著、有斐閣、2012年）、『感情と思考の科学事典』（共著、朝倉書店、2010年）、『朝倉心理学講座　意思決定と経済の心理学』（共著、朝倉書店、2009年）など。

2016年11月よりFacebookグループ「藤やんとうれしー」の会員。

5人目の旅人たち
——「水曜どうでしょう」と藩士コミュニティの研究

2019年10月15日　初版第1刷発行

著　者————広田すみれ
発行者————依田俊之
発行所————慶應義塾大学出版会株式会社
TEL〔編集部〕03-3451-0931
〔営業部〕03-3451-3584〈ご注文〉
〔　〃　〕03-3451-6926
FAX〔営業部〕03-3451-3122
振替 00190-8-155497
http://www.keio-up.co.jp/
装丁・造本——岡部正裕（voids）
装画・挿絵——ゴトータケヲ
組　版————株式会社キャップス
印刷・製本——中央精版印刷株式会社
カバー印刷——株式会社太平印刷社

Printed in Japan　ISBN 978-4-7664-2624-3